退牧还草工程对草原植物多样性和牧草品质的影响

刘志民　李雪华　梁　炜　编著

内容简介

2003 年国家启动“退牧还草”工程，目前工程范围已覆盖 13 省(区)和新疆生产建设兵团。本书立足退牧还草工程对草地生物多样性和牧草品质的影响，基于野外考察、现场访谈及文献解析，评估了退牧还草工程对草原植物多样性和牧草品质的影响，剖析了影响退牧还草工程效果的原因及过程，集成了加强草原保护的技术和对策，甄选了内蒙古草地保护和利用的典型成功案例。本书适合于草地管理政策制定者、草地管理人员，以及草地生态研究人员阅读。

图书在版编目（CIP）数据

退牧还草工程对草原植物多样性和牧草品质的影响 / 刘志民, 李雪华, 梁炜编著. -- 北京 : 气象出版社, 2022.12

ISBN 978-7-5029-7867-9

Ⅰ. ①退… Ⅱ. ①刘… ②李… ③梁… Ⅲ. ①牧草—影响—草原—植物—生物多样性—研究—中国②牧草—影响—品质—研究—中国 Ⅳ. ①Q948.52②S54

中国版本图书馆CIP数据核字(2022)第230619号

Tuimu Huancao Gongcheng Dui Caoyuan Zhiwu Duoyangxing he Mucao Pinzhi de Yingxiang

退牧还草工程对草原植物多样性和牧草品质的影响

刘志民　李雪华　梁　炜　**编著**

出版发行：气象出版社

地　　址：北京市海淀区中关村南大街 46 号　　**邮政编码**：100081

电　　话：010-68407112(总编室)　010-68408042(发行部)

网　　址：http://www.qxcbs.com　　**E-mail**：qxcbs@cma.gov.cn

责任编辑：王元庆　　**终　　审**：吴晓鹏

责任校对：张硕杰　　**责任技编**：赵相宁

封面设计：楠竹文化

印　　刷：北京中石油彩色印刷有限责任公司

开　　本：787 mm×1092 mm　1/16　　**印　　张**：8.5

字　　数：213 千字

版　　次：2022 年 12 月第 1 版　　**印　　次**：2022 年 12 月第 1 次印刷

定　　价：56.00 元

前　言

2003 年 4 月国家启动“退牧还草”工程，2005 年退牧还草工程在全国实施，目前范围已覆盖 13 个省(区)和新疆生产建设兵团。围绕“围栏封育、退牧禁牧(轮牧)、舍饲圈养、承包到户”，退牧还草工程实施了禁牧(全年不放牧)、休牧(季节性放牧)、维持草畜平衡(不禁止放牧，根据草料资源确定饲养牲畜量)、天然草地改良和人工草地建设、草原生态保护补助奖励(用于禁牧补助、草畜平衡奖励、牧民生产资料综合补助、牧草和草畜良种补贴等)等措施。

保护草地生物多样性是退牧还草工程的重要任务之一。学术界就围栏等退牧措施对植物多样性的影响已做了诸多评估，但它们或聚焦于局部区域或囿于特定年份，其结论并不完整或比较偏颇。因此，系统总结退牧还草工程对草地植物多样性的影响、剖析退牧还草工程对草地植物多样性的影响效果和原因、提出改进的草地保护技术和政策就显得极为必要。有鉴于此，自 2019 年起，我们借助实施生态环境部南京环境科学研究所课题“退牧还草政策对生物多样性的影响评估”和“草原禁牧对牧草种类及品质的影响评估”，利用调查、调研和查阅文献的方法，评估了退牧还草工程对草原土壤、植物多样性和牧草品质的影响，分析了影响退牧还草工程效果的原因及过程，提出了进一步提升草原保护效率的技术和对策建议，推荐了一些草地保护方面的成功案例。受疫情限制，调研和调查工作只在内蒙古自治区开展，计划的西藏或新疆调研和调查未能成行；由于涉及区域广大，调研工作未能按随机抽样实施，只做了典型区调研。

调研和调查工作是团队努力的结果。先后参加调研和调查的团队人员包括刘志民、李雪华、余海滨、周全来、巴超群、马群。调研和调查路途遥远、过程复杂。至今，我们倚着围栏、扶着摩托车访谈牧民的场景尚能时时浮现。

感谢内蒙古林科院郭中、内蒙古赤峰市林科所李显玉、内蒙古通辽市林草局包宝君和特格喜、内蒙古兴安盟林科所韦勤和草原站胥健、内蒙古呼伦贝尔市草原站朝克图、内蒙古锡林郭勒盟林草局鲍文东、内蒙古乌兰察布市林草局张立江和草原站张东鸿、内蒙古阿拉善盟林草局乔永祥和林科所巴雅尔、内蒙古鄂尔多斯市林草局乌云和林科所刘朝霞对调研工作的协调支持，感谢敖汉旗林草局梁久明、翁牛特旗林草局郭云仪、科尔沁左翼后旗林草局陈辉和草原站李巍、扎鲁特旗草原站白乙拉、科尔沁右翼前旗草原站梁吉喜、科尔沁右翼中旗草原站李长江、鄂温克旗草原站蒋立宏、东乌珠穆沁旗草原站穆仁、西乌珠穆沁旗林草局哈斯巴雅尔、苏尼特右旗草原站乌兰、四子王旗林草局张熙东、乌拉特后旗林草局石永强和图布兴吉雅、阿拉善左旗草原站汪成、鄂托克旗林草局郝文礼和草原站布拉格对调研和调查的具体安排，感谢翁牛特旗阿什罕苏木、科尔沁右翼前旗满族屯乡和桃合木苏木、四子王旗的脑木更苏木接受并安排入户访谈，感谢乌日都巴嘎布拉格、新农村、乌力吉木仁保护区、满族屯村、乌审一合、茫来嘎查、海利金茫哈嘎查、毛仁塔拉草原、阿木古楞嘎查、新宝拉格、阿尔善图嘎查、哈沙吐嘎查、高阙赛嘎查、巴音朝格图嘎查、白音乌素嘎查等部门和村(嘎查)的干部和工作人员及村民接受访谈。

写文字易，写思想难。我们力图秉承务实的态度、简明的笔调、系统的梳理完成本书的写作。但是，本书并不是严格意义上的自然科学论著。因此，当我们完成调研进入写作状态后，发现达到预期目标并不容易。即便对我这个编写或参与编写过十几种专著的人来说，仍感相当吃力。团队通宵查文献写作的场景是写作过程的插曲之一。

相关人员的研究为这本书的写作提供了丰富的资料。当我们像读小说一样阅读相关文献尤其是那些长长的硕士、博士学位论文，并将这些立足生态、政治、经济、文化、历史、法律不同视角的文献结论与我们的调研结论融合撰写第7章时，我为文献作者的细腻、严谨、深刻、发散而感动。

本书第1章由周全来和李雪华执笔、第2章由李雪华和周全来执笔、第3章由李雪华、周全来和刘志民执笔、第4章由梁炜和马群执笔、第5章由梁炜、秦宣平、田亮、宗璐、巴超群和李向荣执笔、第6章由李雪华和徐锰瑶执笔、第7章由刘志民、佘海滨、张乐和胡飞龙执笔、第8章由刘志民、佘海滨、张乐、胡飞龙和汪海洋执笔、第9章由佘海滨、刘志民和马群执笔。统稿由刘志民和李雪华完成，图表处理由梁炜和佘海滨完成，参考文献整理由梁炜完成。

调研、调查和著作出版得到了生态环境部南京环境科学研究所课题“退牧还草政策对生物多样性的影响评估”和“草原禁牧对牧草种类及品质的影响评估”、中国科学院战略性先导科技专项(A)子课题“草地生态保育与功能提升技术与应用(XDA23060403)”的资助。

感谢中国科学院沈阳应用生态研究所的阿拉木萨研究员和东北大学的曹成有教授对初稿提出的宝贵修改意见。

曾经写过一首打油诗：肩挑云水到处走，青山为伴花作友。日月星辰亲我额，风霜雨雪握我手。再用不上3年时间本人就要离开工作岗位了，对此既感到怅然，又感到释然。退休当然是告别，所幸退休的是岗位，不是对自然、对草原的情感。

限于水平和时间，谬误定然不少，敬请读者批评指正。

刘志民
2022年8月

目　　录

第1章 中国草原及退化概况

1.1 草原分布特征

根据中国2020年草地在线分布地图(https://www.osgeo.cn/map/m01be)(1∶3200万),中国草地主要分布于东经74°～127°和北纬28°～53°之间,面积392.8万 km^2,约占世界草原面积的12.5%,占国土面积的40.9%,是我国面积最大的陆地生态系统。依据“中国陆地生态系统分类标准”和“中国生态功能区划标准”,中国草地生态系统分为草原生态系统、草丛生态系统、草甸生态系统、高寒稀疏植被和冻原生态系统(中国科学院《中国植被图集》编辑委员会,2001)。

中国草原生态系统具有类型多样、分布广泛、物种丰富、建群种种类繁多等特点。依据气候和植被类型分布格局,我国草原生态系统可划分为温性草原(温性草甸草原、温性典型草原、温性荒漠草原)和高寒草原(高寒典型草原和高寒荒漠草原)两个亚系统,总面积125.7万 km^2,约占全国草地面积的32.0%。其中高寒草原面积51.2万 km^2,占我国草原总面积的40.7%,温性草原面积74.5万 km^2,占我国草原总面积的59.3%(表1-1)。

温性草原集中分布在我国东北西部、内蒙古高原中东部、鄂尔多斯高原大部、黄土高原中西部以及祁连山、阿尔泰山和伊犁等地区;大致从北纬51°的松嫩平原起,经内蒙古高原、鄂尔多斯高原,直至北纬35°黄土高原西缘,主要集中于内蒙古中部以东,黑龙江、吉林西部,河北、山西、陕西北部,在辽宁、西藏、宁夏、甘肃、新疆也有分布(张新时,2007)。

高寒草原主要分布在我国青藏高原和天山、昆仑山、祁连山等海拔3000～5000 m的高山地带,具有高海拔山地、宽谷、湖盆和苔原地貌,主要集中在北纬27°45′～36°00′,东经81°00′～100°45′范围内;行政区域包括青海西南部、西藏北部、甘肃南部和新疆南部4个省区(张新时,2007)。

表1-1 中国不同类型草原面积和分布(张新时,2007)

草原类型	亚类	草地面积(万 km^2)	占中国草原面积比重(%)	分布区域
温性草原	温性草甸草原	14.5	11.6	东北松嫩平原、呼伦贝尔—锡林郭勒高原东部、黄土高原东南部
	温性典型草原	41.1	32.7	内蒙古高原中部、东北平原东南部(西辽河中上游)、鄂尔多斯高原中东部、黄土高原中西部
	温性荒漠草原	18.9	15	内蒙古乌兰察布层状高平原和黄土高原西北部石质低山丘陵
高寒草原	高寒典型草原和高寒荒漠草原	51.2	40.7	青藏高原、帕米尔高原、天山、昆仑山和祁连山
合计		125.7	100.0	

1.2 草原气候和土壤特征

1.2.1 温性草原气候和土壤特征

温性草原包括温性草甸草原、温性典型草原和温性荒漠草原，分布于温带半干旱至半湿润的气候区，分布区的年均温为－3～－9 ℃，≥ 10 ℃的积温为 1600～3200 ℃·d，最冷月均温为－7～－29 ℃，年降水量为 150～500 mm，大多在 350 mm 以下，干燥度为 1～4，降水变率大，主要集中在夏季(张新时，2007)。

温性草甸草原是温性草原中气候最湿润、土壤最肥沃、第一性生产力最高的类型。分布区海拔在 200 m 到 2000 m 之间，年平均降水量为 350～540 mm，湿润度达 0.6～1.0。土壤为黑土、黑钙土、黑垆土和部分暗栗钙土，土层较厚、结构良好，腐殖质含量高(张新时，2007)。

温性典型草原又称为干草原或真草原，被誉为草群结构发育最完善、生态功能最稳定、与温带半干旱气候最协调的有代表性的植被类型。其分布区位于海拔 1200～2000 m，年降水量介于 250～350 mm，干燥度 1.5～2.0，≥10 ℃的年活动积温波动在 1700～3200 ℃·d，土壤为栗钙土、暗栗钙土、黑垆土、淡黑垆土、碳酸盐褐土，钙积层比较发达，不宜开垦，以免引起土地沙漠化(张新时，2007)。

温性荒漠草原是欧亚大陆草原区最为干旱的一类草原植被，是在严酷的大陆性干旱气候条件下发育形成的，是亚洲中部特有的一类草原生态系统，在空间上占据着由草原向荒漠过渡的生态地理位置。≥10 ℃的积温在 2000～3400 ℃·d，年降水量少于 250 mm，干燥度 2.0～3.0 左右，土壤为暗棕钙土、淡棕钙土、沙质棕钙土、沙砾质棕钙土、山地棕钙土、淡栗钙土、山地栗钙土、山地淡栗钙土，由于风蚀原因，地面通常覆盖着粗沙与砾石(张新时，2007)。

1.2.2 高寒草原气候和土壤特征

高寒草原包括高寒草甸草原、高寒典型草原和高寒荒漠草原，这类草原过去习惯上称为高山草原、寒生草原，现在统称为高寒草原，主要分布在青藏高原的平坦高原上，海拔介于 4000～5200 m 的高寒环境，分布界限自北向南逐渐升高。其≥10 ℃的积温小于 1500 ℃·d，年降水量在 500～700 mm(张新时，2007)。

高寒典型草原主要分布于海拔 4000 m 以上的高原和高山地带，它是在强烈大陆性的寒冷干旱生境中所形成的一个具有特殊地带性意义的植被类型，其分布地区气候寒冷干旱，一般年平均气温 0～4.4 ℃，极端最低气温－32.6 ℃，极端最高气温 23.3 ℃，无≥10 ℃的积温，年降水量 150～300 mm。一般土层较薄，多为沙质土壤，含水量少，土壤通常为高山草原土，个别高海拔地区也出现淋溶高山草原土，但仅在底层有弱的钙积层(张新时，2007)。

高寒荒漠草原是以耐高寒、干旱的垫形矮半灌木为建群层片的植物群落的总称。分布于海拔 3800～5500 m，土壤为高山荒漠土、碎石质壤土、碎石盐化沙质土，或为有龟裂纹的细质土(张新时，2007)。

1.3 草原生态系统服务功能

草原生态系统的服务功能是指人类直接或间接地从草原生态系统(即草原生态系统中的

生境、生物或系统性质及过程)中获取的利益。草地生态系统可为人类的生存提供直接或者间接的生产和生活资料,同时,草地生态系统能够维持生命物质的地球化学循环和水文循环、维持生物物种与遗传的多样性、净化环境、维持大气化学平衡与稳定,为人类的生产与现代文明发展提供重要支撑(金良, 2011; 单良, 2012; 官惠玲 等, 2019)。草原生态系统对环境具有重要的调节作用,其中主要包括调节气候、净化空气、保持水土、防治沙漠化、维持生物多样性、提供社会生产资料及社会文化等功能(单良, 2012)(图 1-1)。

草原植物在生长过程中,从土壤吸收水分,通过叶面蒸腾,把水蒸气释放到大气中,能提高环境的湿度、云量和降水,减缓地表温度的变幅,增加水循环的速度,从而影响大气中的热交换,起到调节小气候的作用(张富贵 等, 2005; 单良, 2012; 文小平, 2013)。

草原生态系统还具有减缓噪声、释放负氧离子、吸附粉尘、去除空气中的污染物的作用。草原是良好的"大气过滤器",能吸收、固定大气中的某些有害、有毒气体。很多草类植物能把氨、硫化氢合成为蛋白质,能把有毒的硝酸盐氧化成有用的盐类,如多年生黑麦草和狼尾草具有抗 SO_2 污染的能力。许多草坪草能吸收空气中的 NH_3、H_2S、SO_2、HF、Cl_2 和某些重金属气体如汞蒸气、铅蒸气等有害气体,从而起到改善环境、净化空气的作用(乔光华 等, 2004; 张富贵 等, 2005; 文小平, 2013)。

健康的草原可以涵养水源,防止水土流失,减少地面径流,并有良好的固土作用,这都依赖于草原植物本身发达的根系系统,草地植物叶茎可以减少对地面的冲刷,削弱雨水的冲击,促进降雨入渗,减少径流的产生;根系对土体有良好的穿插、缠绕、网络、固结作用,防止土壤被冲蚀;增加土壤有机质,改良土壤的结构,提高草原抗蚀能力。草原涵养水源功能强大,相同条件下,草原土壤含水量比裸地高 90%以上;长草的坡地与裸露坡地相比,地表径流量可减少 47%,冲刷量减少 77%(乔光华 等, 2004; 张富贵 等, 2005)。

草原是地球的"皮肤",是陆地表面的生态屏障。草原植被系统直接影响地表的抗风蚀能力。地表草原植被改变了地表的粗糙度,增加了气流的阻力和摩阻流速,消耗了气流部分动能,改变了气流方向,从而降低近地层风速、保护地表、防止风蚀。草原的防风固沙功能强大,当草地植被盖度为 30%～50%时,近地面风速可降低 50%,地面输沙量仅相当于流沙地段的 1%(张富贵 等, 2005; 文小平, 2013)。

草原草本植物具有较强的抗干旱和耐贫瘠的特性,在诸多沙漠地区,草本植物成了首选固沙植物,增加草本植被覆盖面积,有利于固定沙丘,达到良好的抗风防沙效果。例如,在南疆的塔克拉玛干沙漠及其周边地区,北疆的准噶尔盆地南沿、甘肃河西走廊、内蒙古干燥沙漠及青海柴达木盆地,土壤基质较粗,气候条件比较恶劣,年降水量 350 mm 以下,自然条件严酷,加之人类对草原长期不合理利用,致使植被减少,土地退化,土壤结构严重破坏,有机质降低,土壤沙化,极易引起风蚀。随草原植被盖度增加,风蚀下降,当植被盖度达 70%时,6 级以上强风才可引起风蚀(乔光华 等, 2004; 张富贵 等, 2005; 文小平, 2013)。

由于草原分布于多种不同的自然地理区域,复杂的自然条件维系了草原生态系统高度的生物多样性(包乌云 等, 2018)。我国草原生态系统拥有丰富的动植物资源,种类组成复杂,生物多样性较高。中国草原主要分布在华北和西北边疆少数民族地区,为耐寒、耐旱的草本植物的发育和草食野生动物及家养动物的繁衍生息塑造了得天独厚的优越条件,构成了我国生物多样性系统的特殊部分(单良, 2012;张富贵 等, 2005)。据早期不完全统计,我国草原有各种植物 15000 多种、动物 10000 多种(张新时, 2007)。

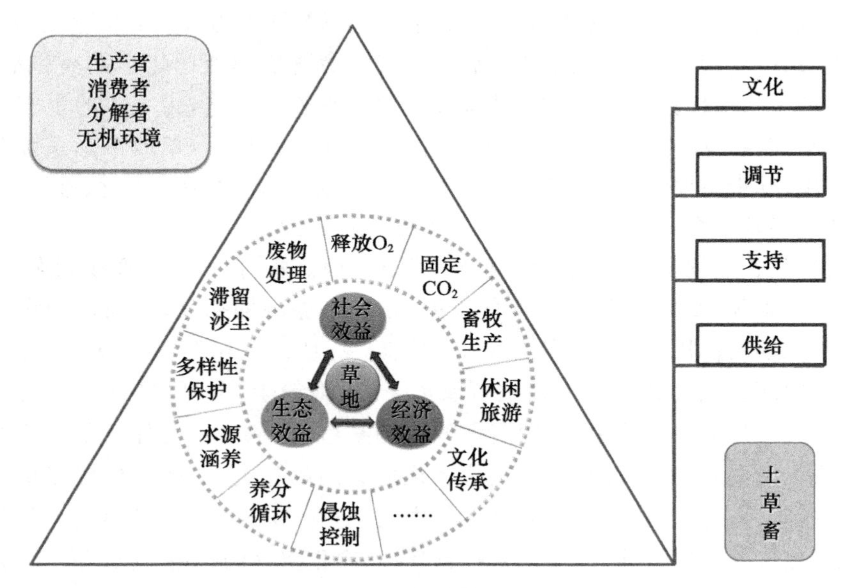

图 1-1　草地生态系统的服务功能

作为重要的自然资源，草原畜牧业提供了重要的社会生产资料。据不完全统计，2017 年全国天然草原鲜草总产量为 10.65 亿 t，畜产品生产能力折合 2.58 亿羊单位（1 个羊单位相当于 1 只 50 kg 体重的成年母羊）。2016 年，西藏、内蒙古、新疆、四川、青海、甘肃六大草原省（区）产牛肉 183.4 万 t、羊肉 225.5 万 t、奶类 1077.5 万 t，分别占全国产量的 25.6%、49.1%、29.9%，在全国草食家畜生产中发挥着极其重要的作用。全国 268 个草原牧业及半牧业县的农业人口占全国农业人口 25%，但其所生产的牛肉、羊肉、奶类产量分别占到全国 23%、35%、23%。若能通过加强草原保护建设和合理利用达到世界发达国家水平，我国草原畜牧业还有 10～20 倍的提升潜力。我国 1.1 亿少数民族人口中，70%以上集中生活在草原区；全国 268 个牧业和半牧业旗县中，有 152 个旗（县）是国家扶贫开发重点县，占 57%。草原是牧区人民赖以生存和发展的最基本生产资料。

我国草原具有“四区叠加”的特点：既是重要的生态屏障区又大多位于边疆地区，也是众多少数民族的主要聚集区和贫困人口集中分布区。草原是民族文化生存、传承、发展的土壤。没有健康美丽的草原，牧区人民就会丧失可持续发展的根基。因此，要实现边疆和谐稳定和各民族共同发展、实现脱贫致富奔小康的目标，就必须把草原保护好、建设好、发展好。

1.4　草原植物多样性状况

草原生物多样性是一个区域多种活有机体（动物、植物和微生物）有规律地结合在一起的总称，是丰富性和均一性的统一，体现了草原生态系统、群落和物种多样性，物种多样性包括了物种种类多样性、物种生物量多样性和物种个体数量多样性。

1.4.1　草原生态系统分类

参考《中国生态系统》的分类方法，草原生态系统（目）下设生态系统科、生态系统属、生态系统丛 3 级分类单位（张新时，2007）。草原生态系统包括 4 个生态系统科，42 个生态系统属和 78 个生态系统丛。生态系统科包括温性草甸草原、温性典型草原、温性荒漠草原、高寒草原（高寒典型和高寒荒漠草原）。温性草甸草原包括 9 个生态系统属，分为 15 个生态系统丛；温性典型草原包括 14 个生态系统属，分为 26 个生态系统丛；温性荒漠草原包括 13 个生态系统属，分为 23 个生态系统丛；高寒草原包括 6 个生态系统属，分为 14 个生态系统丛（表 1-2）。

表 1-2　中国草原的生态系统多样性（张新时，2007）

生态系统科	生态系统属	生态系统丛
温性草甸草原生态系统	羊草草甸草原	羊草（*Leymus chinensis*）、杂类草草甸草原
		窄颖赖草（*L. angustus*）、杂类草、灌木草甸草原
	羊茅草甸草原	羊茅（*Festuca ovina*）、杂类草草甸草原
		沟叶羊茅（*F. rupicola*）、杂类草草甸草原
		阿拉套羊茅（*F. alatavica*）、草原苔草（*Carex liparocarpos*）草甸草原
	针茅草甸草原	狼针草（*Stipa baicalensis*）、杂类草草甸草原
		针茅（*S. capillata*）、杂类草草甸草原
		长羽针茅（*S. kirghisorum*）、杂类草草甸草原
	早熟禾草甸草原	细叶早熟禾（*Poa angustifolia*）草甸草原
		新疆早熟禾（*P. fragilis*）、新疆亚菊（*Ajania fastigiata*）草甸草原
	隐子草草甸草原	小尖隐子草（*Cleistogenes mucronata*）、杂类草草甸草原
	白羊草草甸草原	白羊草（*Bothriochloa ischaemum*）、杂类草草甸草原
	茭蒿草甸草原	茭蒿（*Artemisia giraldii*）、杂类草草甸草原
	苔草草甸草原	草原苔草、杂类草草甸草原
	线叶菊草甸草原	线叶菊（*Filifolium sibiricum*）、禾草、杂类草草甸草原
温性典型草原生态系统	羊草草原	羊草、丛生禾草草原
	针茅草原	大针茅（*Stipa grandis*）草原
		西北针茅（*S. sareptana*）草原
		长芒草（*S. bungeana*）草原
		针茅草原
		昆仑针茅（*S. robarowskyi*）草原
		甘青针茅（*S. przewalskyi*）草原
		疏花针茅（*S. penicillata*）草原
		短花针茅（*S. breviflora*）、长芒草（*S. bungeana*）草原
	芨芨草草原	芨芨草（*Achnatherum splendens*）、长芒草草原
		芨芨草、短花针茅草原
	羊茅草原	沟叶羊茅草原
		羊茅草原
	落草草原	落草（*Koeleria macrantha*）、冰草（*Agropyron cristatum*）、丛生矮禾草草原
	冰草草原	冰草草原
	银穗草草原	新疆银穗草（*Leucopoa olgae*）草原
	隐子草草原	糙隐子草（*Cleistogenes squarrosa*）草原
	三芒草草原	三芒草（*Aristida adscensionis*）草原

续表

生态系统科	生态系统属	生态系统丛
温性典型草原生态系统	苔草草原	柄状苔草(*Carex pediformis*)草原
	百里香草原	百里香(*Thymus mongolicus*)、丛生禾草草原
	甘草草原	甘草(*Glycyrrhiza uralensis*)、丛生隐子草(*Cleistogenes caespitosa*)草原
	蒿草草原	冷蒿(*Artemisia frigida*)草原 白莲蒿(*A. sacrorum*)、禾草草原 茭蒿、禾草草原 光沙蒿(*A. oxycephala*)、禾草草原
	沙地先锋植物群落	沙蓬(*Agriophyllum squarrosum*)、雾水藜(*Bassia dasyphylla*)、虫实(*Corispermum hyssopifolium*)沙地先锋植物群落
温性荒漠草原生态系统	针茅荒漠草原	戈壁针茅(*Stipa tianschanica*)荒漠草原 石生针茅(*S. tianschanica*)荒漠草原 沙生针茅(*S. glareosa*)荒漠草原 短花针茅(*S. breviflora*)荒漠草原 针茅、矮半灌木荒漠草原 东方针茅(*S. orientalis*)荒漠草原 镰芒针茅(*S. caucasica*)荒漠草原 新疆针茅(*S. sareptana*)荒漠草原 昆仑针茅(*S. robarowskyi*)、高山绢蒿(*Seriphidium rhodanthum*)荒漠草原
	芨芨草荒漠草原	芨芨草、驼绒藜(*Ceratoides latens*)荒漠草原
	隐子草荒漠草原	无芒隐子草(*Cleistogenes songorica*)、矮半灌木荒漠草原
	细柄茅荒漠草原	中亚细柄茅(*Ptilagrostis pelliotii*)荒漠草原
	羊茅荒漠草原	羊茅、新疆针茅、纤细绢蒿(*Seriphidium gracilescens*)荒漠草原 穗状寒生羊茅荒漠草原
	冰草荒漠草原	冰草、沙生针茅荒漠草原
	葱荒漠草原	多根葱(*Allium polyrhizum*)荒漠草原
	女蒿荒漠草原	女蒿(*Hippolytia trifida*)荒漠草原
	锦鸡儿荒漠草原	狭叶锦鸡儿(*Caragana stenophylla*)、矮禾草荒漠草原 藏锦鸡儿(*C. tibetica*)、矮禾草荒漠草原
	亚菊荒漠草原	亚菊(*Ajana pallasiana*)、矮禾草荒漠草原
	蒿荒漠草原	米蒿(*Artemisia dalai－lamae*)、矮禾草荒漠草原
	绢蒿荒漠草原	博洛塔绢蒿(*Seriphidium borotalense*)、沟叶羊茅荒漠草原
	驼绒藜荒漠草原	驼绒藜、阿拉善鹅观草(*Roegneria alashanica*)荒漠草原
高寒草原生态系统	针茅高寒草原	紫花针茅(*Stipa purpurea*)高寒草原 羽柱针茅(*S. subsessiliflora var. basiplumosa*)高寒草原 座花针茅(*S. subsessiliflora*)高寒草原 昆仑针茅(*S. robarowskyi*)高寒草原 异针茅(*S. aliena*)高寒草原

续表

生态系统科	生态系统属	生态系统丛
高寒草原生态系统	羊茅高寒草原	假羊茅(*Festuca pseudovina*)高寒草原 寒生羊茅(*F. ktyloviana*)高寒草原 西山羊茅(*Leucopoa olgae*)高寒草原
	早熟禾高寒草原	中亚早熟禾(*Poa litwinowiana*)、鳞叶点地梅(*Androsace squarrosula*)高寒草原
	固沙草高寒草原	固沙草(*Orinus thoroldii*)高寒草原 青海固沙草(*O. kokonorica*)高寒草原
	苔草高寒草原	青藏苔草(*Carex moorcroftii*)高寒草原
	蒿草高寒草原	藏沙蒿(*Artemisia wellbyi*)高寒草原 藏白蒿(*A. younghusbandii*)、固沙草高寒草原

草地生态系统中，野生植物种类就高达 15000 多种，约占中国陆地生态系统植物物种数的 50%左右。目前，已探明的植物物种数有 257 科 1660 属 8875 种，分别占我国陆地植物科、种的 65.9%、25.5%，其中特有物种达 37 科 321 种，建群、优势和常见重要物种高达 4100 余种，已列入国家第一批保护目录的珍稀濒危植物种类有 29 科 54 种，占全部珍稀濒危植物的 13.88%；此外，还具有种类丰富的栽培植物野生种和野生近缘种(张新时，2007)。据不完全统计，中国温带草原区共有种子植物 3600 余种，分别属于 125 科，其中内蒙古草原区共采集种子植物 1519 种(占全国温带草原种子植物总数的 42.2%)，分别属于 94 科 541 属。草原区植被组成中含植物种类数量较多的科依次是：菊科＞禾本科＞豆科＞毛茛科＞莎草科＞蔷薇科等，而含种类最多的属依次是苔草属＞蒿属＞黄耆属＞蓼属＞柳属＞委陵菜属＞葱属，这种科属谱系与相邻的森林区和荒漠区有明显的差异性(张新时，2007)。

1.4.2　温性草甸草原植物多样性状况

根据生态条件和优势种植物的不同，又可以分为丛生禾草、根茎性禾草及杂类草等 3 种草甸草原亚类。温性草甸草原主要建群种有狼针草、长羽针茅、白羊草、羊草、早熟禾、草原苔草、线叶菊等。生态指示种有地榆(*Sanguisorba officinalis*)、小黄花菜(*Hemerocallis minor*)、山地糙苏(*Phlomis oreophila*)、多裂叶荆芥(*Schizonepeta multifida*)、裂叶蒿(*Artemisia tanacetifolia*)、多种野豌豆、多种山黧豆、斜茎黄芪(*Astragalus austrosibiricus*)、野火球(*Trifolium lupinaster*)、蓬子菜(*Galium verum*)、斗蓬草(*Alchcmilla japonica*)、射干鸢尾(*Belamcanda chinensis*)、柄状苔草、无芒雀麦(*Bromus inermis*)、羽茅(*Achnatherum sibiricum*)等(张新时，2007)。温性草甸草原是草原植被中物种多样性最高、物种饱和度最大的一类，每平方米有高等植物 15～25 种，这些植物在不同季节开花，五颜六色，故有"五花草塘"之美名。温性草甸草原蕴藏着大量的药用植物和野生花卉，是珍贵的生物基因资料库(胡向敏 等，2021)。草甸草原的气候与土壤条件好，降水量和气温较高。在没有人工灌溉的条件下，也能生长多种优良牧草，是优质的天然放牧场和割草场，适于发展大牲畜养殖业。

1.4.3　温性典型草原植物多样性状况

温性典型草原是发育在半干旱气候区内以大型、中型和小型的密丛型旱生禾本科草类占绝对优势的一大类禾草草原，包括 22 类典型草原(干型草原)，其中针茅草原 9 类、芨芨草、羊茅草原各 1 类、小禾草草原 4 类、杂类草草原 1 类、蒿类小半灌木草原 6 类。群落外貌比较单调，盖度降低，产草量下降。丛生禾草典型草原居于草原地带的中心部位，成为草原植被的模式类型。除丛生禾草类群落外，还包括在半干旱气候区内广泛分布的非禾草类草原群落，如甘草草原、百里香草原、蒿类草原等，这些群落在生态发生上与禾草草原有一定的关系或一定的生态共性，草群中旱生丛生禾草占绝对优势，锦鸡儿灌木层片、小半灌木蒿类和葱类层片作用相对稳定（张新时，2007；高凯 等，2013）。以典型草原的羊草、丛生禾草草原为例，这是一类根茎型禾草和丛生型禾草混合生长在一起的草原。草群中隶属于草甸草原的中生杂类草基本上消失，起主导作用的是羊草和一组丛生禾草，主要有大针茅、西北针茅、羽茅、硬质早熟禾（*Poa sphondylodes*）、落草、冰草、隐子草以及寸草（*Carex duriuscula*）和黄囊苔草（*C. korshinskyi*），常见的双子叶杂类草有草木樨状黄耆（*Astragalus melilotoides*）、扁蓿豆（*Medicago ruthenica*）、北柴胡（*Bupleurum chinense*）、防风（*Saposhnikovia divaricata*）、知母（*Anermarrhena asphodeloides*）等。灌木和小半灌木层片中的小叶锦鸡儿（*Caragana microphylla*）、冷蒿、柔毛蒿（*Artemisia pubescens*）起一定作用，尤其小叶锦鸡儿成为草原上的景观植物，而冷蒿被认为是草原退化的指示种（张新时，2007）。

1.4.4 温性荒漠草原植物多样性状况

温性荒漠草原是欧亚大陆草原区最干旱的一类草原植被，草群低矮（平均高度 10～15 cm）、稀疏（盖度不足 25%～30%）、地面呈半裸露、半郁闭状态，针茅属成为温性荒漠草原主要建群种、石生针茅（*Stipa tianschanica*）占优势的矮禾草、中间锦鸡儿（*Caragana intermedia*）、狭叶锦鸡儿（*C. stenophylla*）、柠条锦鸡儿（*C. korshinskii*）、藏锦鸡儿为主要灌木层片，一二年生的蒿类等也成为植被重要组成部分（张新时，2007；张晶晶 等，2011；秦建蓉 等，2015；郭蕊 等，2016）。据不完全统计，温性荒漠草原共有维管束植物 82 科 484 属 1704 种，分别占全国同类植物科、属、种的 24.3%、15.5%、6.3%。荒漠草原植物在极端严酷的环境条件下，通过长期的适应与进化，逐渐形成独特的形态特征或生理特征。荒漠植物及其形成的荒漠植被不仅在防风固沙、改善生态环境方面发挥重要作用，而且具有重要的开发利用价值，为人类提供重要生活资料，是维护荒漠区生态平衡、经济和社会发展的宝贵资源（卢琦 等，2012）。

1.4.5 高寒草原植物多样性状况

高寒草原的建群种为耐寒抗旱的多年生丛生禾草、根茎苔草和小半灌木。草丛稀疏、矮小、层次结构简单、盖度小、生长季节短、生物量偏低，建群种为耐寒抗旱的多年生丛生禾草、根茎苔草和小半灌木。群落中常伴生适应高寒、干旱生境条件的垫状层片和高山植物种类，生长季节短、生物量偏低。我国高寒草原的建群种以寒旱生丛生禾草为主，其区系成分有的属欧亚草原种，如假羊茅（*Festuca pseudovina*）等；有的为亚洲高山成分，如座花针茅；有的为帕米尔一青藏高原成分，如紫花针茅、西山羊茅；有的则为青藏高原特有成分，如羽柱针茅和根茎植物青藏苔草等。此外，尚有菊科的小半灌木藏沙蒿等（张新时，2007；吴建波 等，2017）。

1.5 草原牧草品质特征

草原是畜牧业发展的主要生产资料，具有重要的生态价值、经济价值和社会价值。牧草作为草原可持续发展不可或缺的物质基础，其品质的高低是衡量草原资源的重要指标之一，也影响着草原载畜量。

1.5.1　草原牧草品质概念

狭义的牧草品质是牧草满足特定动物营养需求的潜力，广义的牧草品质是动物对牧草产生食用欲望的程度。牧草品质一般可分为物理品质与化学品质，物理品质通常包括色泽、气味、生物量、株高、叶面积指数等，化学品质即营养品质，包括蛋白质、淀粉、可溶性糖、脂肪、纤维素等。对典型草原牧草营养品质研究发现，天然牧草的干物质为30.0%～64.8%，粗蛋白、粗脂肪、酸性洗涤纤维和中性洗涤纤维含量分别为干物质的6.4%～12.6%、1.2%～2.8%、29.7%～43.9%和39.8%～70.2%(表1-3)。禾本科、豆科和菊科三科物种占比为51.4%，决定了典型草原牧草品质。豆科植物粗蛋白、粗脂肪、酸性洗涤纤维和中性洗涤纤维含量分别为干物质的8.3%、1.7%、34.5%和56.1%；菊科植物粗蛋白、粗脂肪、酸性洗涤纤维和中性洗涤纤维含量分别为干物质的8.2%、1.4%、35.3%和55.4%；禾本科植物粗蛋白、粗脂肪、酸性洗涤纤维和中性洗涤纤维含量分别为干物质的7.3%、1.5%、37.5%和55.9%(降晓伟，2019)。豆科植物的粗蛋白和粗脂肪的平均含量高于菊科和禾本科植物，牧草品质较高。

表1-3　典型草原牧草营养品质(降晓伟，2019)

植物名称	干物质(DM)(%)	粗蛋白(CP)占干物质比例(%)	粗脂肪(EE)占干物质比例(%)	酸性洗涤纤维(ADF)占干物质比例(%)	中性洗涤纤维(NDF)占干物质比例(%)
大针茅	50.6	7.9	1.4	43.9	57.8
羊草	52.2	8.8	1.4	41.2	58.0
蒙古韭(*Allium mongolicum*)	54.4	8.5	2.1	29.7	59.3
兴安胡枝子(*Lespedeza davurica*)	58.8	8.4	2.6	35.6	66.3
牻牛儿苗(*Erodium stephanianum*)	46.8	9.5	1.2	38.4	66.4
中华隐子草(*Cleistogenes chinensis*)	49.4	8.6	1.2	35.8	59.3
叉分蓼(*Polygonum divaricatum*)	43.2	7.8	1.3	40.3	49.3
糙隐子草(*Polygonum divaricatum*)	39.5	6.4	2.0	40.2	49.4
冷蒿	42.2	8.8	1.4	36.9	55.7
大籽蒿(*Artemisia sieversiana*)	32.7	10.3	1.44	35.6	39.8
冰草	52.6	9.4	1.5	32.7	58.4
柔毛蒿	45.5	6.8	1.3	35.6	58.3
苦参(*Sophora flavescens*)	45.1	8.1	1.5	31.6	51.3
岩败酱(*Patrinia rupestris*)	64.8	8.3	1.2	32.9	70.2
芦苇(*Phragmites australis*)	55.4	2.5	1.5	36.2	59.4
甘草	45.8	9.7	1.3	36.8	48.2
鸢尾(*Iris tectorum*)	43.2	7.2	2.8	34.8	48.6
狼毒(*Euphorbia fischeriana*)	42.1	9.2	1.3	37.2	47.2
草麻黄(*Ephedre sinica*)	41.3	8.2	1.5	40.7	50.2
菊叶委陵菜(*Potentilla tanacetifolia*)	58.3	8.3	1.3	30.2	64.3
翠雀(*Delphinium grandiflorum*)	53.6	7.2	2.5	35.6	58.3

续表

植物名称	干物质(DM)(%)	粗蛋白(CP)占干物质比例(%)	粗脂肪(EE)占干物质比例(%)	酸性洗涤纤维(ADF)占干物质比例(%)	中性洗涤纤维(NDF)占干物质比例(%)
欧李(*Cerasus humilis*)	48.5	8.3	1.5	37.2	49.4
狼毒(*Stellera chamaejasme*)	49.7	9.7	1.3	35.6	55.5
麻花头(*Serratula centauroides*)	56.3	8.8	1.4	34.6	62.3
狗尾草(*Setaria viridis*)	43.3	7.3	1.5	32.8	49.0
蒺藜(*Tribulus terrestris*)	62.3	7.7	1.5	40.2	70.2
狗娃花(*Heteropappus hispidus*)	53.7	6.6	1.7	33.7	60.8
野豌豆(*Vicia sepium*)	50.1	6.9	1.6	31.3	60.1
花苜蓿(*Medicago ruthenica*)	43.3	7.4	1.7	33.7	53.0
香青兰(*Dracocephalum moldavica*)	29.9	7.6	1.3	31.7	53.6
少花米口袋(*Gueldenstaedtia verna*)	45.3	9.4	1.3	37.9	57.5
天门冬(*Asparagus cochinchinensis*)	47.7	9.3	1.4	36.9	55.2
大麻(*Cannabis sativa*)	30.2	9.4	1.5	38.9	39.7
唐松草(*Thalictrum aquilegifolium var. sibiricum*)	49.7	12.6	1.4	32.5	59.8
芸香草(*Cymbopogon distans*)	51.3	11.3	1.6	33.6	59.9

评价牧草品质的主要指标包括营养价值、适口性、消化率以及有毒有害成分的含量等(牛菊兰，1994)。牧草的营养价值是评定其品质的重要指标之一，包括牧草中可以被草食动物所利用的营养物质的品质和数量，即牧草的化学成分、消化率以及生物学效率三方面(余苗 等，2013；周舆 等，2020)。牧草的营养价值一般取决于蛋白质、矿物质及纤维素质量分数。蛋白质、矿物质质量分数越高，纤维素质量分数越低，牧草的营养价值就越高。适口性是评价牧草质量优劣的基本指标，主要指牧草为家畜提供的视觉、味觉、嗅觉和触觉刺激的能力，反映了家畜对牧草的喜食程度(郑明高，1993；余苗 等，2013)。适口性好的牧草，家畜喜食，采食的速度加快，从而采食量增加，有利于动物的生长，而适口性不好的牧草，家畜厌食，采食量下降而不利于畜禽的生长(牛菊兰，1994)。牧草的消化率是评价其营养品质的重要指标之一。不同种类和来源的牧草所含的营养成分不同，能被家畜利用的程度也不尽相同。牧草可消化程度越高，对家畜的营养价值就越大，品质就越好；相反，则牧草品质就差。牧草中的有毒有害成分是指动物采食后对其自身健康有损害作用的物质，主要有苷类(皂苷、氰苷、百脉根苷)、硝酸盐、生物碱类(麻黄碱等)以及有毒氨基酸(β-草酰氨基丙酸)等。牧草中有毒有害物质使家畜中毒表现为死亡、流产、繁殖力降低、慢性疾病或者营养性疾病等。

1.5.2 影响草原牧草品质因素

牧草品质是评价草地畜牧业生产潜力的基础，是评价草地资源生产功能最为重要的指示性指标，主要包括产量品质和营养品质(李艳琴 等，2008；杜笑村 等，2010；陈乐乐 等，2015)。草地产量可以被用来判断草地生产能力和草地载畜量，牧草营养品质则决定了牧草被牲畜利用的效率，特别是不同种类牧草的利用效率差异会直接影响牲畜饲养状况，与畜牧业生产经营密切相关(侯春玲，1995；侯留飞 等，2017a，2017b；谷英 等，2018)。影响牧草品质的主要因素可分为内部因素和外部因素。内部因素主要包括草原类型、群落类型、物种组成和植物生长物候期；外部因素主要包括土壤(类型、养分含量、水分条件等)、气候(光照、温度、降水等)、生物(病虫、鼠害、放牧家畜类型等)和管理措施(禁牧、刈割、轮牧、放牧、施肥、灌溉等)。

家畜种类和选择性采食是影响草原牧草品质的重要外部因素。选择性采食是不同家畜在草原牧食时影响草原牧草品质的重要机制。当草地植物种类组成多样、可利用牧草数量充足时，家畜对牧草的选择性采食较强，如果草地物种组成简单，则可能只有轻微的选择性采食行为。绵羊通常对适口性好的优良牧草具有较强的选择性采食行为，且具有明显的季节性特征。植物适口性程度则与植物构件特性、形态特征、营养含量、气味等多方面要素相关。有些植物也在对环境的适应过程中逐渐形成独特的饲用价值。如优良牧草冷蒿霜冻后或冬季，营养值保存良好，且柔软多汁，对家畜特别是产羔母畜冬季放牧利用更有价值。马、牛、骆驼等也终年喜食冷蒿，采食后具有驱虫之效。菊科沙蒿青绿期气味重而苦，降低了适口性，饲草充足情况下牲畜很少采食或不食，只有骆驼一年四季可以采食。深秋霜枯后沙蒿适口性大增，山羊和绵羊采食或喜食，骆驼喜食。马和牛等通常不吃，但饲料极其缺乏时马和牛也可采食。车前科车前(*Plantago asiatica*)虽然不被家畜直接饲用，但可以收割做饲料喂食牛羊猪以提高抵抗力。菊科菊叶委陵菜虽为中等饲用植物，但秋季干枯后几乎不被牛、马和羊采食，绵羊与山羊仅在春季采食嫩枝叶。综上所述，家畜取食偏好和植物种的饲草品质间存在着相互选择和制约关系。

影响草原牧草营养价值的因素有牧草植物组成、植物生长阶段、环境因素和管理因素(余苗 等，2013；降晓伟，2019)。放牧的频率、强度和时间均能影响草地植物的组成、植物物候特征和形态，牧草质量和营养价值的空间异质性(刘鹰昊 等，2016)。草原植物种类多样，不同种类牧草其粗蛋白、纤维素和灰分等组成变化较大，如豆科牧草含有较高的蛋白质和相对较低的细胞壁物质，比禾本科牧草品质高。因此，草原不同品质牧草组成是影响草原牧草营养价值的首要因素，所以，退牧还草可以降低放牧强度，增加牧草种类和优质牧草的比例，对调节草原牧草品质起关键作用(贾倩民 等，2014；赵京东 等，2021)。

春、秋季休牧的季节性退牧还草是根据牧草品质变化规律充分利用牧草的有效管理措施。一般来讲，植物处于不同的生长阶段，其体内营养物质的含量变化较大，在早期生长阶段，其蛋白质含量较高，随着植物的生长，可消化粗蛋白质的含量将逐渐减少，而粗纤维的含量将逐渐增加，牧草品质随植物的不断成熟而降低。尽管春季牧草营养物质含量高，但产草量低，一旦被啃食破坏，影响牧草生长季产量，此时宜休牧；夏季放牧，牧草营养含量较高，可被牲畜充分利用，此时宜放牧；秋季牧草品质下降，正值牧草种子结实期，此时宜休牧(余苗 等，2013)。

1.5.3　草原牧草品质特征

草原牧草是重要的自然资源和生产资料，是生长于草地植物群落可用来直接放牧或刈割后饲养牲畜的饲用植物(程方方，2019)。我国草地牧草资源十分丰富，据调查统计，我国草原可饲用植物 6704 种，分属 240 科 1545 属，其中被子植物 171 科 1391 属 6262 种，蕨类植物 40 科 103 属 294 种，裸子植物 10 科 27 属 101 种，苔藓植物 14 科 17 属 31 种，地衣类植物 5 科 7 属 16 种(王宏杰，1983；郭思加 等，1997a，1997b；李景斌 等，2007；尹俊 等，2008；严学兵，

2014;张美艳 等,2018,2019)。据不完全统计数据(表 1-4),青海省草地维管束植物 636 属 2420 种,种子植物 99 科 617 属 2380 种;其中主要牧草有禾本科 66 属 238 种,菊科 71 属 236 种,豆科牧草 29 属 134 种,莎草科 5 属 46 种,藜科 21 属 70 种(李旭谦 等,2013;侯留飞 等,2018;祁培勇,2019)。内蒙古自治区草地生态系统中各类植物 128 科 691 属 2351 种,其中禾本科、豆科和菊科野生植物种分别有 205 种、114 种和 248 种,薹草属和蒿属植物分别有 73 种和 51 种;草地中维管束植物类牧草 899 种,其中禾本科牧草 194 种,豆科牧草 58 种,莎草科牧草 54 种,菊科牧草 134 种,藜科牧草 58 种(王晓龙 等,2014)。西藏自治区有维管束植物 5766 种,分属 214 科 1258 属,西藏自治区天然草地生态系统中可饲牧草植物 83 科 557 属 2672 种,其中菊科可饲牧草植物种类 352 种,禾本科 306 种,豆科、石竹科、十字花科、莎草科、玄参科和唇形科在 100~150 种之间(呼天明 等,2020);莎草科植物种类丰富度不及禾本科和豆科,但却是高寒草原植被生境最主要的饲草成分(苗彦军 等,2008;马玉宝 等,2014;张海鹏 等,2019)。新疆维吾尔自治区的草地生态系统中主要野生牧草资源植物有 324 属 2930 种,其中菊科 72 属 395 种,豆科 22 属 345 种,禾本科 61 属 342 种,藜科 28 属 149 种,十字花科 56 属 178 种,蔷薇科 23 属 106 种,莎草科 9 属 122 种(韩燕 等,2014;马丽 等,2014;熊兵 等,2015;孜比拉,2016;张云玲 等,2017;张鲜花 等,2020)。甘肃省草地植物有 154 科 706 属 2128 种,约占全国饲用植物的 1/3,其中 84 属 298 种属于甘肃省特有的种质资源(师尚礼,2003;曹明崇 等,2005)。

表 1-4　主要草原分布行政区饲草种类分布概况

行政区	内蒙古	西藏	新疆	青海	甘肃
牧草总数	2351	2672	2930	2420	2128
禾本科	205	306	342	238	—
菊科	248	352	395	236	—
豆科	114	145	345	134	—
藜科	58	—	149	70	—
莎草科	54	118	122	46	—
十字花科	—	126	178	—	—
蔷薇科	—	—	106	—	—

我国温带典型草原以菊科、禾本科、豆科、蔷薇科、百合科和藜科植物为主,占比高达 60%~70%。高寒草原禾本科、菊科、豆科、莎草科、毛茛科和蔷薇科植物种在所有植物中占比高达 72%。温带草甸草原生态系统物种多样性最高,可饲用牧草主要以禾本科、豆科、菊科、蔷薇科和莎草科为主,大部分可饲牧草种类具有中等偏上的饲用品质,高植物物种丰富度的草地牧草营养价值与饲养品质更高,植物适口性更高,易于吸引家畜进食。温带典型草原类型可饲养牧草主要以禾本科、豆科、蔷薇科、菊科和藜科为主,大部分可饲牧草具有中等偏上饲用品质,说明温带典型草地的饲用价值可能更高(刘兴波 等, 2006;曲艳, 2017)。荒漠草原是草原向荒漠过渡的旱生化草原生态系统,是旱生性最强的一类草原。温带荒漠草原类型可饲养牧草主要以禾本科、豆科、藜科、菊科、蒺藜科和莎草科等为主,大部分可饲牧草具有中等偏上饲用品质,但下等牧草比例有所增加,说明温带荒漠草地牧草具有较好的饲用价值,但由于形态上植株的绒毛、刺等附属结构增加、株体高度降低,导致其饲用品质有所下降。高寒草原类型可饲养牧草主要以禾本科、豆科、莎草科、菊科和蔷薇科等为主,占 56.7%且饲用植物品质上

乘，下等牧草比例较小，说明高寒草原牧草植物饲用品质良好（刘兴波 等，2006）。

随着季节的变化，从花期—果期—枯草期，草原牧草中可消化粗蛋白质的含量将逐渐减少，而粗纤维的含量将逐渐增加，牧草适口性降低，干物质消化率逐渐降低（沈则宏 等，2003）。

高强度、长时间频繁放牧，常导致优良牧草组成降低，有毒有害草类增加。呼伦贝尔市有超过 30%以上的天然草场出现不同程度的退化，其中有超过 80%出现中度退化（黄振艳 等，2013；包秀霞 等，2014）。生态环境逐渐恶化大背景下，草场中有毒有害牧草数量逐渐增加。在呼伦贝尔市高寒地区草场，有害牧草种类达 174 种，几种较多的牧草主要包括毛茛科 39 种、豆科 22 种、龙胆科 49 种、罂粟科 23 种、大戟科 7 种、菊科 12 种（黄振艳 等，2013；徐鑫磊 等，2021）。有毒有害牧草的种类增加，降低了牧草的品质。

1.6　草原退化对草地生物多样性及牧草品质的影响

1.6.1　草原退化的概念和影响因素

草原退化是由于自然和人为因素的作用，草原生态系统结构和功能过程的恶化，即生物群落和其赖以生存环境的恶化及系统自身生态功能的退化。草原的退化包含草群自身和土地环境的退化。它反映在生产者、消费者、分解者和非生物因素，以及草地生态系统的结构特征与功能过程的恶化、生产力降低和组成的变劣，表现为草地建群种优势种发生更替，牧草质量下降，产草量下降，牧草植株矮化，草地覆盖度下降，导致生物多样性或复杂程度降低，恢复功能减弱或丧失恢复功能等（公婷婷 等，2015；柴享贤 等，2016）。总之，由于人为活动或不利自然因素所引起的草原（包括生物及土壤）质量衰退，生产力、经济潜力及服务功能降低，环境变劣以及生物多样性降低或复杂程度降低，恢复功能减弱或失去恢复功能，即称之为草地退化（王艳芬 等，1999；王舒新 等，2018；常虹 等，2020）。

我国约有 90%左右的天然草地处于不同程度的退化之中，其中严重退化草地占 60%以上（白永飞 等，2020；古琛 等，2022）。其中轻度退化 53.8%，中度退化 32.6%，重度退化 13.6%，且每年以草地可利用面积 2%的速度加速退化。这就意味着我国草地每年减少 6500～7000 km^2，其中重度和中度退化草地占退化草地面积 50%以上（李愈哲 等，2013）。大量研究表明，过度放牧是造成草地退化的重要原因（李元恒 等，2014）。

放牧作为一种人为干扰方式，对草地退化的影响最重要。无论何种放牧制度，不合理的放牧均会带来植物群落的逆行演替，造成草地生产性能质和量的下降（段敏杰 等，2010；丁海君 等，2014；赵生龙 等，2020）。载畜量增大将使丛生禾草向矮生禾草演替，并降低牧草的再生能力、牧草叶量、分蘖数、株高和总生物量。放牧家畜通过采食、践踏及对营养物质的分散和再分布影响着草地养分的周转，过度放牧会造成草原旱化、土壤肥力降低，形成的大面积裸地、沙化地和“秃斑地”（李静鹏 等，2016；张睿洋 等，2017；宋洁 等，2019）。

1.6.2　草原退化对生物多样性影响

在草地生态系统中，大型草食动物放牧是重要管理方式之一，针对放牧干扰对草地物种多样性的影响机制已有较长的研究历史，几十年来大多数的研究都认为，在植被一家畜系统中，放牧干扰通过影响植物群落结构与组成影响生物多样性，表现为群落演替初期时优势种增加，而群落演替末期时优势物种减少，因为在演替末期时群落优势种其耐牧性能出现下降（张宇等，2020）。放牧强度是影响群落物种多样性与生产力及其关系的重要因素（呼格吉勒图 等，2009；金晓明 等，2010；王明君 等，2010；黄振艳 等，2013；李文怀 等，2014）。随着放牧强度的增加高植物重要值降低，低矮植物重要值增加；禾草类植物重要值减少，杂草类植物重要值增加；优良牧草重要值降低，适口性差的植物种重要值增加，一年生植物增加，多年生植物减少（蒙旭辉 等，2009；郑伟 等，2012；韩梦琪 等，2017；王舒新 等，2018）。放牧不仅对不同植物种在群落中的比重产生影响，也对其丰富度产生影响，随着放牧强度的增加，低矮植物的相对丰富度升高，高植物相对丰富度降低（张静妮 等，2010；黄琛 等，2013；王化 等，2013；向明学 等，2019）。目前，相关研究中有很多支持“中度干扰假说”，即适度放牧有利于草地植物多样性的增加。即由于植物对干扰的补偿效应，适度的干扰有利于促进更高的生产力和物种多样性（呼格吉勒图 等，2009；郭永盛 等，2011；王蕾 等，2012；刘娜 等，2018）。事实上中等程度的干扰可促进草地生态系统的异质性，从而为竞争力弱的非优势物种提供了更丰富的生态位，因此，使群落能够保持较高的多样性（海棠 等，2012；孙世贤 等，2013）。而过度干扰则会影响植物群落中的物种组成并且导致物种多样性降低，而长期干扰同样会导致群落优势种群出现变化，不利于枯落物的积累并造成植被盖度的减少（金晓明 等，2010；肖绪培 等，2013）。放牧过程中的直接啃食、践踏和粪尿排泄，以及放牧导致的植被组成和结构变化，引起节肢动物群落发生改变（刘文亭 等，2017）。放牧可以增加腐生性的粪金龟和蝇类的多样性，但显著降低了蝗虫、蛾类、蝴蝶和蜘蛛等节肢动物的多样性。通过 5 年的田间控制实验发现，牲畜多样化的放牧方式可以显著增加包括植食性昆虫和捕食性昆虫在内的生态系统功能多样性。

然而放牧对植物多样性的影响也会受放牧家畜的类型、数量以及草地类型、放牧时间等因素的综合影响，大体型的家畜，比如牛的采食活动有利于植物多样性增加，而小体型的家畜，比如绵羊则会不利于植物多样性的增加或维持，而且放牧家畜对植物多样性的影响，可能会随着家畜体型的增大而逐渐增加。

1.6.3 草原退化对牧草品质影响

高营养价值牧草的营养成分含量高，适口性好，消化率高，动物能获得的养分含量越多，越容易被动物消化吸收，越能满足动物生长或生产需要。同时牧草品质还受动物的品种、生理阶段和个体差异的影响（沈则宏 等，2003；梁建勇 等，2015）。

草地的退化是以适口和非适口的植物种类比例变化为特征的，在轻牧和适牧条件下适口性好的植物种类在群落中所占比例最大，而过牧可降低适口性好的植物的活力，而适口性差的植物免受影响，并对有限资源的竞争处于更有利地位，最终导致适口性差的植物在群落中占优势（付刚 等，2021）。在青南高原“黑土滩”草地，随草地退化程度的加大，群落产量在各级草地内变化不明显，但毒杂草比例有着明显增加的趋势。放牧明显影响着草地植被地下生物量及其比例以及光合产物在地上地下部位的分配（宋成刚 等，2011；安慧 等，2013；安钰 等，2015）。随着牧压强度的增加，植物群落高度降低，地表盖度下降，地上生物量较大幅度减少，特别是优质牧草生物量迅速减少。天然草原上，优良的禾本科牧草长期经过牲畜的过度践踏和啃食，逐渐失去竞争能力，而毒杂草凭借对不良环境的适应性，从伴生种或偶见种变优势种或建群种（贾倩民 等，2014；张蕊 等，2019）。草群的逆向演替，使天然草原向毒杂草型草原退化，原来以优质牧草为优势种的草原逐渐蜕变为以毒杂草为优势种的劣质草原。

参考文献

安慧，李国旗，2013. 放牧对荒漠草原植物生物量及土壤养分的影响[J]. 植物营养与肥料学报，19：705-712.

安钰，安慧，2015. 宁夏荒漠草原优势植物生长及生物量分配对放牧干扰的响应[J]. 西北植物学报，35：373-378.

白永飞，赵玉金，王扬，周楷玲，2020. 中国北方草地生态系统服务评估和功能区划助力生态安全屏障建设[J]. 中国科学院院刊，35：675-689.

包乌云，邢旗，张健，刘亚玲，程磊，陈翔，杜宇凡，阿拉腾苏和，2018. 乌拉盖草原植物群落多样性现状[J]. 草原与草业，30：13-20.

包秀霞，廉勇，易津，张瑞霞，2014. 放牧方式对小针茅荒漠草原植物群落多样性的影响[J]. 安徽农业科学，42：783-785，805.

曹明崇，杨学兰，2005. 甘肃牧草种质资源的保护与利用[J]. 草业科学(8)：11-13.

柴享贤，袁帅，武晓东，付和平，岳闯，卢志宏，乌云嘎，2016. 草甸草原割草地植物群落α多样性与草原鼢鼠种群密度的关系[J]. 草业科学，33：778-784.

常虹，孙海莲，刘亚红，邱晓，石磊，温超，2020. 东乌珠穆沁草甸草原不同退化程度草地植物群落结构与多样性研究[J]. 草地学报，28：184-192.

陈乐乐，施建军，王彦龙，马玉寿，董全民，侯宪宽，2015. 高寒地区禾本科牧草生产力适应性评价[J]. 草地学报，23(5)：1072-1079.

程方方，2019. 我国野生牧草种质资源的研究现状与存在问题[J]. 畜牧兽医科技信息(4)：161.

丁海君，韩国栋，王忠武，王春霞，张睿洋，胡吉亚，2014. 短花针茅荒漠草原不同载畜率对植物群落特征的影响[J]. 中国草地学报，36：55-60.

杜笑村，仁青扎西，白史且，李达旭，刘刚，2010. 牧草种质资源综合评价方法概述[J]. 草业与畜牧(11)：8-10，20.

段敏杰，高清竹，万运帆，李玉娥，郭亚奇，旦久罗布，洛桑加措，2010. 放牧对藏北紫花针茅高寒草原植物群落特征的影响[J]. 生态学报，30：3892-3900.

付刚，王俊皓，李少伟，何萍，2021. 藏北高寒草地牧草营养品质对放牧的响应机制[J]. 草业学报，30：38-50.

高凯，朱铁霞，韩国栋，2013. 围封年限对内蒙古羊草-针茅典型草原植物功能群及其多样性的影响[J]. 草业学报，22：39-45.

公婷婷，冯金朝，薛达元，马帅，石莎，冯亚磊，李昱娴，2015. 呼伦贝尔草原群落生产力与物种多样性关系分析[J]. 云南大学学报(自然科学版)，37：922-929.

古琛，贾志清，杜波波，何凌仙子，李清雪，2022. 中国退化草地生态修复措施综述与展望[J]. 生态环境学报，31：1465-1475.

谷英，桑丹，孙海洲，金鹿，李胜利，斯登丹巴，凌树礼，珊丹，任晓萍，2018. CNCPS评定毛乌素沙地荒漠化草原区常见牧草营养价值的研究[J]. 畜牧与饲料科学，39(5)：51-56.

官惠玲，樊江文，李愈哲，2019. 不同人工草地对青藏高原温性草原群落生物量组成及物种多样性的影响[J]. 草业学报，28：192-201.

郭蕊，红梅，韩国栋，白文明，赵巴音那木拉，陈强，2016. 水、氮控制对荒漠草原植物群落特征的影响[J]. 内蒙古大学学报(自然科学版)，47：426-433.

郭思加，刘彩霞，赵爱桃，龙治普，1997a. 宁夏天然草地的有毒有害植物[J]. 草业科学(6)：41-44.

郭思加，赵爱桃，刘彩霞，1997b. 宁夏天然草地饲用植物的生态经济类群[J]. 中国草地(5)：15-21.

郭永盛，陆嘉惠，张际昭，李鲁华，危常州，褚贵新，董鹏，李俊华，2011. 施氮肥对新疆荒漠草原生产力及植物多样性的影响[J]. 石河子大学学报(自然科学版)，29：536-541.

海棠，巴德玛嘎日布，2012. 放牧干扰对草甸草原羊草植株及根际土壤植物寄生线虫多样性的影响[J]. 内蒙古农业大学学报(自然科学版)，33：83-87.

韩梦琪，王忠武，靳宇曦，康静，李江文，王悦华，王舒新，韩国栋，2017. 短花针茅荒漠草原物种多样性及生产力对长期不同放牧强度的响应[J]. 西北植物学报，37：2273-2281.

韩燕，张洪江，2014. 新疆优良牧草种质资源及其开发利用[J]. 新疆畜牧业(4)：57-58.

侯春玲，1995. 内蒙阿拉善盟李井滩引黄开发区荒漠草地及牧草营养水平的评价[J]. 草业科学(3)：63-65.

侯留飞，乔安海，2017a. 8个牧草品种饲草能值分析与评价[J]. 畜牧与饲料科学，38：53-54，68.

侯留飞，乔安海，袁青杉，李娟，2017b. 应用灰色关联度法评定牧草营养价值的研究[J]. 中国草食动物科学，37：32-34.

侯留飞，唐俊伟，2018. 青海省天然草地牧草营养成分的主成分分析[J]. 畜牧与饲料科学，39：42-44.

呼格吉勒图，杨劼，宝音陶格涛，包青海，2009. 不同干扰对典型草原群落物种多样性和生物量的影响[J]. 草业学报，18：6-11.

呼天明，苗彦军，2020. 西藏野生优质牧草繁育技术研究述评[J]. 草学(2)：75-79.

胡向敏，乌仁其其格，刘琼，闫瑞瑞，2021. 不同利用方式下贝加尔针茅草甸草原群落多样性变化[J]. 干旱区资源与环境，35：189-194.

黄琛，张宇，赵萌莉，韩国栋，2013. 放牧强度对荒漠草原植被特征的影响[J]. 草业科学，30：1814-1818.

黄振艳，王立柱，乌仁其其格，李杰，杨晓刚，2013. 放牧和刈割对呼伦贝尔草甸草原物种多样性的影响[J]. 草业科学，30：602-605.

贾倩民，陈彦云，陈科元，韩润燕，2014. 荒漠草原区牧草品种与施肥对牧草产量及品质的影响[J]. 北方园艺(6)：168-172.

降晓伟，2019. 典型草原牧草干燥机制及其营养品质研究[D]. 呼和浩特：内蒙古农业大学.

金良，2011. 草原生态系统各类服务功能价值评估[J]. 内蒙古财经学院学报(3)：18-21.

金晓明，韩国栋，2010. 放牧对草甸草原植物群落结构及多样性的影响[J]. 草业科学，27：7-10.

李景斌，任伟，周志宇，2007. 宁夏野生灌木资源的饲用价值与生态意义[J]. 草业科学，24(3)：28-30.

李静鹏，郑志荣，赵念席，高玉葆，2016. 刈割、围封、放牧三种利用方式下草原生态系统的多功能性与植物物种多样性之间的关系[J]. 植物生态学报，40：735-747.

李文怀，郑淑霞，白永飞，2014. 放牧强度和地形对内蒙古典型草原物种多度分布的影响[J]. 植物生态学报，38：178-187.

李旭谦，陆福根，辛有俊，2013. 青海省禾本科优良牧草种质资源[J]. 青海草业，22：10-18.

李艳琴，徐敏云，王振海，于海良，邵长虹，2008. 牧草品质评价研究进展[J]. 安徽农业科学(11)：4485-4486，4546.

李愈哲，樊江文，张良侠，翟俊，刘革非，李佳，2013. 不同土地利用方式对典型温性草原群落物种组成和多样性以及生产力的影响[J]. 草业学报，22：1-9.

李元恒，韩国栋，王正文，白文明，赵萌莉，2014. 内蒙古克氏针茅草原土壤种子库对刈割和放牧干扰的响应[J]. 生态学杂志 33：1-9.

梁建勇，焦婷，吴建平，宫旭胤，杜文华，刘海波，肖元明，2015. 不同类型草地牧草消化率季节动态与营养品质的关系研究[J]. 草业学报，24：108-115.

刘娜，白可喻，杨云卉，张睿洋，韩国栋，2018. 放牧对内蒙古荒漠草原草地植被及土壤养分的影响[J]. 草业科学，35：1323-1331.

刘文亭，卫智军，吕世杰，王天乐，张爽，2017. 放牧对短花针茅荒漠草原植物多样性的影响[J]. 生态学报，37：3394-3402.

刘兴波，庞亚娟，贾玉山，格根图，金花，2006. 天然草地牧草饲用价值评价体系初探[J]. 内蒙古草业，18

(4):47-49.

刘鹰昊，格根图，刘兴波，刘庭玉，贾玉山，2016. 不同利用强度对草甸草原牧草营养品质的影响[J]. 中国草地学报，38:117-120.

卢琦，王继和，褚建民，2012. 中国荒漠植物图鉴[M]. 北京：中国林业出版社.

马丽，齐米克，张云玲，董建芳，2014. 草原生态保护补助奖励机制效果凸显[J]. 中国畜牧业(24):37.

马玉宝，闫伟红，徐柱，田青松，师文贵，姜超，王凯，李临杭，2014. 川、藏地区野生牧草种质资源考察与搜集[J]. 中国野生植物资源，33: 36-39.

蒙旭辉，李向林，辛晓平，周尧治，2009. 不同放牧强度下羊草草甸草原群落特征及多样性分析[J]. 草地学报，17:239-244.

苗彦军，徐雅梅，2008. 西藏野生牧草种质资源现状及利用前景探讨[J]. 安徽农业科学，36(25):10820-10821，10835.

牛菊兰，1994. 绵羊对高山草原混合牧草的能量消化率[J]. 草业学报，3(4):46-49.

祁培勇，2019. 青海省牧草种质资源利用现状与保护对策[J]. 乡村科技(35):117-118.

乔光华，王海春，2004. 草原生态系统服务功能价值评估方法的探讨[J]. 内蒙古财经学院学报(2):44-47.

秦建蓉，马红彬，沈艳，谢应忠，俞鸿千，李小伟，2015. 宁夏东部风沙区荒漠草原植物群落物种多样性研究[J]. 西北植物学报，35:1891-1898.

曲艳，2017. 草地牧草的饲用价值评价[J]. 饲料博览(5):63.

单良，2012. 草原生态系统服务功能的认识[J]. 畜牧兽医科技信息(2):20-21.

沈则宏，寇波云，王应和，杜周和，胡祚忠，2003. 夏季牧草产量与山羊的适口性研究初探[J]. 西南农业学报(4):134-136.

师尚礼，2003. 甘肃省天然草地植物种质资源潜势分析与保护利用[J]. 草业科学(5):1-3.

宋成刚，张法伟，刘吉宏，孙建文，王建雷，李英年，2011. 青海湖东北岸草甸化草原植物群落特征及多样性分析[J]. 草业科学，28:1352-1356.

宋洁，王凤歌，温璐，王立新，李金雷，武胜男，徐智超，2019. 放牧对温带典型草原植物物种多样性及土壤养分的影响[J]. 草地学报，27:1694-1701.

孙世贤，卫智军，吕世杰，卢志宏，陈立波，李夏子，吴艳玲，李建茹，2013. 放牧强度季节调控下荒漠草原植物群落与功能群特征[J]. 生态学杂志，32:2703-2710.

王宏杰，1983. 略论宁夏草地主要饲用植物及其饲用评价[J]. 西北植物研究(2):77-78.

王化，侯扶江，袁航，万秀丽，徐磊，陈先江，常生华，2013. 高山草原放牧率与群落物种丰富度[J]. 草业科学，30:328-333.

王蕾，许冬梅，张晶晶，2012. 封育对荒漠草原植物群落组成和物种多样性的影响[J]. 草业科学，29:1512-1516.

王明君，韩国栋，崔国文，赵萌莉，2010. 放牧强度对草甸草原生产力和多样性的影响[J]. 生态学杂志，29:862-868.

王舒新，秦洁，李江文，占布拉，韩国栋，2018. 不同放牧强度下短花针茅荒漠草原生态系统服务价值评估[J]. 草原与草业，30:38-44.

王晓龙，米福贵，2014. 内蒙古牧草种质资源概述[J]. 畜牧与饲料科学，35:48-50，69.

王艳芬，汪诗平，1999. 不同放牧率对内蒙古典型草原牧草地上现存量和净初级生产力及品质的影响[J]. 草业学报，8(1):15-20.

文小平，2013. 草原生态系统的基本结构、功能及其利用[J]. 养殖技术顾问(6):226.

吴建波，王小丹，2017. 围封年限对藏北退化高寒草原植物群落特征和生物量的影响[J]. 草地学报，25:261-266.

向明学，郭应杰，古桑群宗，张晓庆，潘影，武俊喜，拉多，2019. 不同放牧强度对拉萨河谷温性草原植物群落和物种多样性的影响[J]. 草地学报，27:668-674.

肖绪培，宋乃平，王兴，杨明秀，谢腾腾，2013. 放牧干扰对荒漠草原土壤和植被的影响[J]. 中国水土保持(12)：19-23，33，77.

熊兵，白桂芬，2015. 新疆优良野生禾本科牧草资源分布[J]. 新疆畜牧业(7)：38-41.

徐鑫磊，宋彦涛，赵京东，乌云娜，2021. 施肥和刈割对呼伦贝尔草甸草原牧草品质的影响及其与植物多样性的关系[J]. 草业学报，30：1-10.

严学兵，2014. 我国牧草种质资源研究与利用的现状[J]. 饲料与畜牧(9)：11.

尹俊，孙振中，魏巧，蒋龙，2008. 云南牧草种质资源研究现状及前景[J]. 草业科学，25(10)：88-94.

余苗，王卉，问鑫，高凤仙，2013. 牧草品质的主要评价指标及其影响因素[J]. 中国饲料(13)：1-3，7.

张富贵，冯根元，高钢金，2005. 草原生态系统服务功能概述[J]. 内蒙古草业，17(1)：64-65.

张海鹏，旦久罗布，严俊，谢文栋，次旦，何世丞，高科，朵辉成，2019. 藏北野生优势牧草种质资源保护与利用[J]. 中国畜禽种业，15：15-16.

张晶晶，王蕾，许冬梅，2011. 荒漠草原自然恢复中植物群落组成及物种多样性[J]. 草业科学，28：1091-1094.

张静妮，赖欣，李刚，赵建宁，张永生，杨殿林，2010. 贝加尔针茅草原植物多样性及土壤养分对放牧干扰的响应[J]. 草地学报，18：177-182.

张美艳，蔡明，牟兰，袁福锦，黄梅芬，侯洁琼，于应文，钟声，薛世明，2018. 滇西北地区野生禾草种质资源调查及评价[J]. 草业科学，35：1879-1889.

张美艳，董建军，韦敬楠，张立中，2019. 草原流转对牧户收入影响的实证研究[J]. 干旱区资源与环境，33：26-31.

张蕊，赵学勇，王少昆，左小安，王瑞雄，2019. 极端干旱对荒漠草原群落物种多样性和地上生物量碳氮的影响[J]. 生态环境学报，28：715-722.

张睿洋，王忠武，韩国栋，潘占磊，刘芳，武倩，阿木尔萨那，2017. 短花针茅荒漠草原 α 多样性对绵羊载畜率的响应[J]. 生态学报，37：906-914.

张鲜花，朱进忠，李江艳，2020. 新疆野生梯牧草种质资源分布与保护利用[J]. 新疆农业科学，57：1560-1568.

张新时，2007. 中国植被及其地理格局：中华人民共和国植被图(1：1 000 000) 说明书[M]. 北京：地质出版社.

张宇，阿斯娅·曼力克，辛晓平，张荟荟，热娜·阿布都克力木，闫瑞瑞，郭美兰，2020. 禁牧与放牧对新疆温性草原群落结构、生物量及牧草品质的影响[J]. 草地学报，28：815-821.

张云玲，依甫拉音·玉素甫，玛尔孜亚，王慧君，2017. 新疆豆科野生优良牧草种质资源搜集及筛选[J]. 草业与畜牧(2)：63-66，83.

赵京东，乌云娜，宋彦涛，2021. 短期围封对辽西北退化草地群落牧草品质的影响[J]. 草业学报，30：51-61.

赵生龙，左小安，张铜会，吕朋，岳平，张晶，2020. 乌拉特荒漠草原群落物种多样性和生物量关系对放牧强度的响应[J]. 干旱区研究，37：168-177.

郑明高，1993. 植物毒素与牧草的适口性[J]. 国外畜牧学. 草原与牧草(1)：37-41.

郑伟，董全民，李世雄，李红涛，刘玉，杨时海，2012. 放牧强度对环青海湖高寒草原群落物种多样性和生产力的影响[J]. 草地学报，20：1033-1038.

中国科学院《中国植被图集》编辑委员会，2001. 中国植被图集[M]. 北京：科学出版社.

周舆，李素英，杨秀影，王鑫厅，杨理，常英，赵鹏程，2020. 锡林浩特典型草原地区牧草优势种类的品质研究[J]. 中国草地学报，42：102-110.

孜比拉，2016. 新疆天然牧草资源研究概况[J]. 当代畜牧(14)：35.

第 2 章　退牧还草工程概况

2.1　工程实施背景

草原是北方牧区经济和社会发展的重要基础。内蒙古自治区、西藏自治区、新疆维吾尔自治区、青海省和甘肃省是可利用草原面积占比最高的行政区域，是北方脆弱区重要的生态屏障。从牧区分布特征和面积来看，内蒙古、西藏和青海的牧区分别占各自省或自治区土地面积比例为 66%、81%和 96%，新疆和甘肃牧区占比则为土地面积的 30%左右，牧区在我国草食家畜生产中发挥着极其重要的作用。边疆地区的草原分布区更是众多少数民族的主要聚集区和贫困人口集中分布区。因此，我国草原具有“四区叠加”特点，既是牧区人民赖以生存和发展的最基本生产资料，也是民族文化生存、传承、发展的根基。因此，把草原保护好、建设好、发展好是实现边疆和谐稳定和各民族共同发展、实现脱贫致富奔小康的重要前提。

目前我国草原生态系统仍面临着严重的退化趋势。20 世纪 80 年代初我国草地严重退化面积仅占草地总面积的 30%，90 年代退化草地面积占比增加到 47.4%（李博，1997），且退化草地面积仍以每年 2 万 hm^2 的速度增加（何昌茂，2000）。21 世纪初退化草地面积占比提升到 90%以上，其中轻度退化占比 53.8%，中度退化占比 32.6%，重度退化占比 13.6%（李愈哲 等，2013）。草地生态系统的服务功能伴随着草地的退化或丧失而呈现出大气调节能力减弱和水分涵养调节功能下降等。目前全国草原生态系统退化总趋势表现为西部区大于东部区，内蒙古草原和黄土高原草原以风蚀沙化为主，云贵草原和青藏高原草原以植被退化为主，西部干旱草原则以荒漠化为主（张苏琼 等，2006）。据国家林草局“十四五”期间林业草原保护情况发布会资讯，经过“十三五”期间的不懈努力，草原生态持续恶化的势头得到初步遏制，草原生态状况和生产能力持续提升，2020 年全国草原综合植被盖度达到了 56.1%，鲜草产量达到 11 亿 t。但当前我国仍有 70%的草原处于不同程度的退化状态，草原保护修复任务还十分艰巨。因此，未来目标是 2025 年草原退化趋势能得到根本遏制，草原综合植被盖度达到 57%，到 2035 年基本实现草畜平衡，退化草原能得到有效治理和修复，草原综合植被盖度稳定在 60%左右。

2001 年 8 月，全国政协民族宗教委员会和科技部就草原退化问题赴新疆和内蒙古两区开展调研，起草了《关于进一步支持新疆、内蒙古两地发展生态畜牧业的意见和建议》，建议国家参照黄土高原地区退耕还林办法，在我国西北牧区实施退牧还草，对边疆民族地区和经济不发达地区的牧区群众给予经济补贴等支持。2002 年，原国家计划委员会认为，退牧还草可以用较少的投入在较短的时间内解决超载放牧、改善和恢复草原生态环境、促进草原生产方式改变，符合我国草原建设实际情况。时任总理朱镕基主持召开国务院西部开发领导小组第三次会议，决定把草原保护建议提到议事日程，尽快启动退牧还草工程。2002 年《国务院关于加强草原保护和建设的若干意见》正式出台，这是新中国成立以来第一个专门针对草原工作的政策性文件。2003 年，时任国务院总理温家宝曾三次作出批示，有效推动了该工程的启动进程。

2002年12月国务院正式批准在西部11个省(区)实施退牧还草工程。2003年1月10日国务院西部开发办公室和农业部联合召开“退牧还草工程电视电话会议”,全面启动退牧还草工程。2003年4月正式启动西部8省(区)“退牧还草”工程,工程建设一期为2003—2009年,主要通过采取草场围栏封育、禁牧、休牧、划区轮牧等手段、利用草原生态系统的自我修复能力来实现植被自然恢复,同时通过建设人工草地和饲草料基地推行舍饲圈养。2003年10月农业部发出《关于进一步做好退牧还草工程实施工作的通知》。2003年12月,国务院下达了《关于2003年、2004年退耕还草、退牧还草及禁牧舍饲补助基金实行挂账及财政财务处理的通知》的文件。拟定2003年开始试点工作,2004年进行完善工作,2005年全面开展工作,力争5年内使工程区退化草原得到基本恢复,天然草原达到草畜平衡。退牧还草工程的规划目标和重点范围是从2005年起用5年时间先期集中治理内蒙古、新疆、青藏、甘肃和宁夏等地区面积约6700万hm^2的严重退化草原,约占西部地区严重退化草原的40%。截至2005年,全国退牧还草工程实施范围已覆盖内蒙古、新疆、青海、甘肃、四川、西藏、宁夏、贵州、黑龙江、云南10省(区)和新疆生产建设兵团(张海燕 等, 2015)。

2.2 工程实施原则

2.2.1 工程总体思路

退牧还草工程是加强草原生态保护和建设的重要生态治理国策,也是针对我国天然草原严重沙化退化状况作出的重要战略举措。退牧还草工程是近年来国家在草地建设史上投入规模最大、涉及面最广、受益群众最多、对草地生态环境影响最为长远的项目,是一项关系到地方乃至国家生态安全、社会稳定和经济可持续发展的重大建设项目,是维护国家生态安全的迫切需要,是发展经济和实施西部大开发战略的重要生态建设工程。实施退牧还草工程的指导思想是坚持“围栏封育、退牧禁牧(轮牧)、舍饲圈养、承包到户”的建设方针,以政策为导向,依靠科技进步,充分调动农牧民建设、保护和合理利用草原的积极性,通过实施退牧还草工程,有效遏制天然草场沙化、退化,恢复草原植被,改善草原生态环境,实现草地资源永续利用,建立与畜牧业可持续发展相适应的草原生态系统。

退牧还草工程涉及草地生态修复和牧区建设,坚持保护优先,建设和合理利用相结合。退牧还草工程实施的总体思路是:进一步完善草原家庭承包责任制,把草场生产经营、保护与建设的责任落实到户。按照以草定畜的要求,严格控制载畜量。实行草场围栏封育、禁牧、休牧、划区轮牧,适当建设人工草地和饲草料基地,大力推行舍饲圈养,使天然草地获得休养生息,达到提升草原生态服务功能和可持续利用的目标。利用国家库存陈化粮较多的时机,以中央投入带动地方和个人投入;推行休牧和轮牧相结合、放牧与舍饲相结合的生产方式;优化畜草产业结构,恢复草原植被,确保农牧民的长远生计,实现畜牧业的可持续发展。

退牧还草工程总体上坚持国家、地方和农牧户相结合,多渠道保证投入,实行“目标、任务、资金、粮食、责任”五个到省(区)。由省级政府对工程负总责,各省区将工程建设的目标、任务、责任分别落实到市、县、乡各级人民政府,建立地方政府责任制,县级农牧部门负责具体实施。实施过程中把退牧还草与扶贫开发、综合开发、水土保持、畜牧业基础建设、草原治虫灭鼠等措施结合起来,统筹规划、综合治理。退牧还草工程的有效实施,可以改善草地生态环境和草地畜牧业基本生产条件,维护草地生态平衡,提高牧民生活质量,促进草地资源生态、经济和社会效益的相互协调，实现草地畜牧业的可持续发展和牧区社会经济的共同富裕目标。

2.2.2　草原生态补奖政策

退牧还草工程实施过程中国家给予适当的围栏建设、饲料粮和补播草种等资金补贴，整体上按照中央投资总额的 2%安排退牧还草工程前期工作费用。2003 年国家制定了退牧还草补偿标准，饲料粮补助期限为 5 年，每亩[①]草地全面补助标准因建设内容和地区存在一定差异。例如新疆北部退化草地、内蒙古东部退化草地、蒙甘宁西部荒漠化草地每亩全年禁牧补助饲料粮 5.50 kg，季节性休牧 3 个月补助 1.38 kg；青藏高原东部江河源草地每亩全年禁牧补助 2.75 kg，季节性休牧 3 个月补助 0.69 kg。

为逐步落实以生态效益为主，兼顾经济效益和社会效益的原则，中国逐步建立起由"单一补偿性补贴"到"补偿性与奖励性补贴并存"的草原生态补奖机制。从 2004 年起原则上将饲料粮补助改为现金补助按 0.99 元/kg 计算。2005 年国家增加了退牧还草工程补助内容，禁牧、休牧和划区轮牧的围栏建设补助标准为青藏高原地区每亩建设投资 25 元，其他地区每亩建设投资 20 元，其中中央补助 70%，地方及个人配套 30%。2010 年国家将中央补助资金比例提高到 80%，地方和个人配套资金下降到 20%，取消县级以下的配套资金要求。对工程区内重度退化草地实施补播的规定标准为每亩补助种草费 10 元。青藏高原地区饲料粮补助年限延长到 10 年，青藏高原地区围栏建设每亩补助标准从 17.5 元提高到 20 元，全国其他地区从 14 元提高到 16 元。禁牧标准每亩补助 6 元，实施草畜平衡的草地每亩补助 1.5 元。

2011 年国家发展和改革委员会、农业部、财政部联合颁布《关于完善退牧还草政策的意见》，正式提出配套建设奖励性补助项目"舍饲棚圈"和"人工饲草地"项目。按照既定的 5 年一个补偿周期的计划，2011—2015 人工饲草地建设每亩中央投资补助 160 元，舍饲棚圈建设每户中央投资补助 3000 元；2016—2020 年为退牧还草生态奖补标准提高阶段，对舍饲棚圈和人工饲草奖励性补贴分别提高到 6000 元/户和 200 元/亩(张会萍 等，2018)。

2.3　总体执行情况

2.3.1　工程实施情况

退牧还草工程实施区域以旗(县)为基本执行单位，按照有关原则每年进行增加和退出调整，每年工程实施范围基本保持在 120 个县左右(张海燕 等，2015)。2003—2010 年，退牧还草工程实施范围主要包括内蒙古、西藏、新疆、青海、甘肃、宁夏、四川、云南及新疆生产建设兵团的 190 余个县/旗(团场)，总面积达 31921 万 hm^2(张海燕 等，2016)。退牧还草工程区主要在我国北方干旱半干旱草原区和青藏高原高寒草原区实施，以温带草原和高寒草原为主，大部分区域年降水量在 400 mm 以下，草场超载严重，呈现了不同程度的退化、沙化和盐碱化。根据区域性特点、存在主要问题和保护建设利用目标，全国退牧还草综合治理工程区主要分为内蒙古东部退化草原治理区、蒙甘宁西部退化草原治理区、新疆退化草原治理区和青藏高原江河源退化草原治理区 4 个亚区(徐斌 等，2007；张海燕 等，2015)。

2003—2010 年，全国退牧还草工程累计完成围栏建设面积 5158.27 万 hm^2，其中禁牧围栏

① 1 亩≈666.67 m^2。

2606.47 万 hm^2，休牧围栏 2466.20 万 hm^2，划区轮牧围栏 85.60 万 hm^2，退化草地补播改良 1240.87 万 hm^2，棚圈建设 12.7 万户，建设人工饲草地 1.02 万 hm^2，治理石漠化草地 2.08 万 hm^2，同时对项目区实施围栏封育的牧民给予饲料粮补贴。从各省建设情况来看，内蒙古和新疆围栏面积最大，分别为 1438.00 万 hm^2 和 1082.67 万 hm^2。从实施内容来看，禁牧围栏以内蒙古、新疆和青海面积最大；围栏休牧、划区轮牧和草地补播均以内蒙古、新疆等面积较大，四川、甘肃、青海和西藏等地的面积次之。2003—2010 年，全国退牧还草工程累计投入资金 185.22 亿元，投资额呈先增加后减少的趋势，以 2006 年总投资额为最大。截至 2016 年底，退牧还草工程累计投入中央资金 255.69 亿元，累计完成草原围栏 7246.67 万 hm^2，退化草地改良 1087.33 万 hm^2，人工饲草地 55.8 万 hm^2，完成舍饲棚圈 54 万户，黑土滩和毒害草治理 6.6 万 hm^2，石漠化治理 47.6 万 hm^2（宁启文 等，2017）。截至 2018 年，中央为退牧还草工程累计投入资金约 300 亿元，全国草原围栏面积已超过 9300 万 hm^2。

2.3.2 工程实施效果

根据 2010 年农业部监测结果，工程区平均植被盖度为 71%，比非工程区高 12%，草群高度、鲜草产量和可食性鲜草产量分别比非工程区高出 37.9%、43.9% 和 49.1%（朱军强，2011）。根据 2016 年农业部监测结果，工程区平均植被盖度为 66%，比非工程区平均提高 11 个百分点，草群高度、鲜草产量和可食性鲜草产量分别比非工程区提高 53.1%、52.7% 和 68.7%。退牧还草工程区内生物多样性、群落均匀性、饱和持水量、土壤有机质含量均有提高，草原涵养水源、防止水土流失、防风固沙等生态功能增强，草地生态系统呈恢复趋势，退牧还草工程实施的生态效益显著（徐斌 等，2007；罗旭，2013）。

工程推行禁牧与休牧相结合、舍饲与半舍饲相结合的生产方式，促进了传统草原畜牧业生产方式的转变，畜牧业综合生产能力明显提升。随着退牧还草工程的实施，天然草原得到休养生息，生产能力得到恢复和提高，草原畜牧业发展的基础得到巩固。各草原区以实施退牧还草工程为契机，积极开展人工草地建设，人工饲草地保留面积达到 333.25 万 hm^2，年产草量达 116.536 亿 kg，工程区 2700 多万个羊单位的牲畜从完全依赖天然草原放牧转变为舍饲/半舍饲。退牧还草工程推进草原畜牧业生产方式转变，调整畜群结构，改良畜牧品种，加快出栏周转，畜牧业生产效益明显提升，促进了农牧民增收，取得了良好的经济效益。草地围栏、牲畜暖棚、人工饲草料基地建设有效提升了草原牧区防灾减灾能力，减少了因灾损失数量。

广大农牧民草原保护意识明显增强。退牧户在实施退牧还草工程后处理了牲畜转而从事其他产业或外出务工，天然草原放牧压力和人口压力减少，农牧民对草原合理利用意识明显增强，草原生态系统得到进一步恢复与发展。草原区实施退牧还草工程中，将工程措施与落实草原生态奖补政策、推进脱贫攻坚相结合，以生态建设为切入点，通过转变草原畜牧业生产方式、完善牧区生产生活基础设施、提高草原畜牧业生产效率等方式，在实现草原“绿起来”的同时，实现了牧民“富起来”的目标。牧区脱贫攻坚效果显著，2016 年牧区半牧区（旗）县的农牧民人均可支配收入为 8078 元，较 2010 年增长 79.7%，其中牧业收入从 2010 年人均 2120.7 元增加到 2016 年人均 3685.5 元，实现了良好的经济收益和社会效益（宁启文 等，2017）。

2.3.3 存在问题及调整策略

尽管退牧还草工程实施过程中取得了巨大成效，但我国草原生态总体恶化趋势未有根本改变，草原生态保护和建设任务仍十分艰巨。特别是随着退牧还草工程的深入实施，一些矛盾和问题日益凸显。第一，退牧还草工程区外草原退化趋势未能得到有效遏制。工程区外草原退化趋势未能得到有效遏制甚至出现加剧退化趋势。原因之一是退牧还草工程区外草地原本退化状况就很严重，实施退牧还草工程后更得不到有效的管护和综合治理导致草地生态环境进一步恶化；原因之二是草原"白天禁、晚上牧""区内禁、区外牧"的偷牧现象和退牧还草工程区外超载放牧的现象较为普遍；原因之三是退牧还草工程区和非工程区本为草原一体，工程区保护和非工程区重牧的交互行为共存，极大地抵消了退牧还草工程改善草原生态环境的整体效果，因此，我国"草原生态环境局部改善而总体恶化的趋势"并未得到本质上的改变。第二，退化草原治理力度与实际需求存在巨大差异。我国草原总面积约为 3.97 亿 hm^2，占国土总面积的 41.7%，目前至少 2.70 亿 hm^2 占比约 70%的草原处于中度及重度退化状态，但是退牧还草一期工程规划的 6700 万 hm^2 治理面积大约只占全国中度和重度退化草原面积的 25%（王艳华 等，2011）。第三，工程建设内容单一。工程启动初期，国家明确要配套建设人工草地和舍饲棚圈，但现有退牧还草工程建设主要是恢复生态的措施，人工饲草地、舍饲棚圈等关系农牧民生产生活的措施未纳入补助范围，禁牧休牧后缺乏饲料来源和舍饲圈养条件，退牧户长远生计面临困难。第四，配套资金难以落实。由于工程区大多分布在少数民族地区和边远贫困地区，地方财政难以安排相应的配套资金，一些地方不得不以群众自筹和投工投劳折资抵顶地方配套资金。第五，现行退牧还草工程措施与草原生态保护奖补政策需要有效衔接。国家草原生态保护补助奖励政策出台后，从 2011 年起将退牧还草饲料粮补助转为禁牧补助和草畜平衡奖励，中央财政按照一定标准对牧民给予禁牧补助，地方政府安排专职禁牧管护人员进行管护。

针对工程实施过程中出现的矛盾和问题，2011 年国家发展和改革委员会会同农业部、财政部印发了《关于完善退牧还草政策的意见》，提出了几方面新的实施政策。第一，合理布局草原围栏。实行禁牧封育的草原，原则上不再实施围栏建设，可根据实际情况酌情安排。今后重点安排划区轮牧和季节性休牧围栏建设，并与推行草畜平衡挂钩。按照围栏建设任务的 30%安排重度退化草原补播改良任务。第二，配套建设舍饲棚圈和人工饲草地。在具有发展舍饲圈养潜力的工程区，对缺乏棚圈的退牧户，按照每户 80 m^2 标准配套实施舍饲棚圈建设，推动传统畜牧业向现代牧业转变。在具备稳定地表水水源的工程区，配套实施人工饲草地建设，解决退牧后农牧户饲养牲畜的饲料短缺问题。第三，提高中央投资补助比例和标准。围栏建设中央投资补助比例由现行的 70%提高到 80%，地方配套由 30%调整为 20%，取消县及县以下资金配套。青藏高原地区围栏建设每亩中央投资补助由 17.5 元提高到 20 元，其他地区由 14 元提高到 16 元。补播草种费每亩中央投资补助由 10 元提高到 20 元。人工饲草地建设每亩中央投资补助 160 元，舍饲棚圈建设每户中央投资补助 3000 元。按照中央投资总额的 2%安排退牧还草工程前期工作费。第四，饲料粮补助改为草原生态保护补助奖励。从 2011 年起不再安排饲草粮补助，在工程区内全面实施草原生态保护补助奖励机制。对实行禁牧封育的草原，中央财政按照每亩每年补助 6 元的测算标准对牧民给予禁牧补助，5 年为一个补助周期；对禁牧区域以外实行休牧和轮牧的草原，中央财政为未超载的牧民按照每亩每年 1.5 元测算标准给予草畜平衡奖励。

2.4　分区执行情况

2.4.1　内蒙古自治区

实施西部大开发以来，国家下决心把内蒙古建设成我国北方最重要的生态防线，并把生态环境建设作为内蒙古西部开发的根本点和切入点。2003年国家启动退牧还草工程后，内蒙古自治区于2003年3月14日召开全区退牧还草工程启动会议，全面部署退牧还草工作，工程实施广度和深度几乎涵盖了以往所有的草原生态建设措施。与此同时，在国家政策的指引下，内蒙古自发启动地方退牧还草工程，最终形成国家和地方退牧还草工程并行的良好局面。国家项目和地方项目共同由当地政府统一实施，国家退牧还草工程指标下达到内蒙古自治区，自治区根据各地区草原退化情况，逐层分配到各旗县，最终由县级政府决定项目最后归属。国家退牧还草工程实施标准由国家统一制定，不属于国家退牧还草工程的具体标准由地方政府根据实际情况自行制定。

内蒙古自治区草原总面积8666.7万hm^2，占全区土地总面积的74.5%；其中天然草地6818万hm^2，占全国草地面积的27%，是我国最大的草场和天然牧场，也是我国北方重要的生态屏障。据第三次草地资源调查资料显示，内蒙古草地40多年间退化面积增长了55%，2004年退化面积占可利用草地面积的比重已经高达73%（王国钟 等，2004）。内蒙古自治区退牧还草工程涉及12个盟市所辖的65个旗县，重点在33个畜牧业旗县和21个半农半牧旗县。退牧还草总规划4000万hm^2，是国家退牧还草工程任务最多的省份。工程将分两期进行，一期到2010年实现退牧还草3000万hm^2，二期到2015年实现退牧还草1000万hm^2。初期即2003年完成禁牧1246万hm^2，休牧1086万hm^2，划区轮牧457万hm^2，但其中实施国家退牧还草工程面积仅215万hm^2，其余2574万hm^2属于内蒙古自治区地方政府的退牧还草工程（表2-1）。从项目实施结构上看，2003年内蒙古实施退牧还草总项目中国家项目只占总项目的1/13，2004年也仅占1/14，说明内蒙古自治区退牧还草工程实施初期以地方项目为主，对国家退牧还草工程还有很大的需求空间（魏松，2006）。

表2-1　内蒙古自治区2003—2004年退牧还草工程实施概况　　单位：万hm^2

实施时间	项目归属	项目总面积	禁牧面积	休牧面积	轮牧面积
2003年	总项目	2789	1246	1086	457
	国家项目	215	1240	83	23
	自治区项目	2574	1163	977	434
2004年	总项目	3733	1000	2400	267
	国家项目	252	73	105	7
	自治区项目	3481	927	2295	260

引自内蒙古畜牧业经营管理站（魏松，2006）。

据资料显示，内蒙古天然草原退牧还草工程自2003年以来共实施8期，涉及呼伦贝尔市、兴安盟、通辽市、鄂尔多斯市、巴彦淖尔市、阿拉善盟、呼和浩特市等35个旗（县），涉及总人口43.41万人，占项目区土地总面积的56.60%，其中可利用的天然草原面积2905.28万hm^2。自东向西依次分布草甸草原、典型草原、荒漠草原、草原化荒漠和荒漠五大地带性草原类型。其中草原退化沙化面积为2113.31万hm^2，占天然草地总面积的52.52%，占该区可利用草原总面积的72.74%。重度退化草原面积879.5万hm^2，中度退化草原面积741.99万hm^2，轻度退化草原面积491.86万hm^2。退牧还草工程实施初期，国家累计下达围栏计划任务1269.33 hm^2，其中禁牧围栏515.47万hm^2，休牧围栏711.20 hm^2，划区轮牧42.67万hm^2，补播草场面积260.87万hm^2。项目建设总投资3.97亿元，其中中央财政资金2.91亿元，地方配套1.06亿元。国家累计下拨饲料粮补贴折资2.57亿元。项目期间按照玉米饲料价格执行的禁牧饲料粮补贴折现标准为 74.25 元/hm²，休牧折现标准为 18.6 元/ hm²。

据 2003 年草地植被监测结果，内蒙古西部退牧还草工程禁牧区的草地植被覆盖度由禁牧前的 10%提高到 15%，产草量由每亩 20 kg 提高到 25 kg；东部呼伦贝尔陈巴尔虎旗禁牧区草地植被盖度由禁牧前的 30%提高到 50%～70%，高度由 30～50 cm 提高到 70～100 cm，产量提升了 30%～40%。据 2005 年草地植被监测结果，锡林郭勒退牧还草工程休牧区植被高度比非工程区提高 6.5～20 cm、盖度提高了 8.2%～50%，亩产鲜草增加了 17.8～114.5 kg；西部荒漠半荒漠草场植被平均高度由禁牧前的 17%提高到 41%。据 2009 年草地植被监测结果，退牧还草工程区植被盖度为 48.67%、高度为 25.01 cm、亩产干草量为 77.88 kg，比前 3 年同期相比分别提高了 9.41%、5.92 cm 和 21.86 kg。如以阿拉善盟荒漠草原为例，退牧还草工程区植被盖度比非工程区提高了 11.5%，植被高度由 25.8 cm 增长到禁牧后的 40.5 cm，干草产量由每亩的 24.7 kg 增加到 34.5 kg(黄国安 等，2010)。从经济效益角度来看，科尔沁右翼中旗 12 万 hm² 休牧区为例，每年可增加牧草产量 3600 万 kg，增收 2160 万元；每年国家饲料粮或现金补贴可达 222.5 万元；乌拉特后旗北部牧民平均每户禁牧草场 333.33 hm²，可直接获得国家饲料粮或现金补助款 2.48 万元；阿拉善盟随着草原生态环境的逐步改善，农牧民收入显著提高，2009 年人均收入可达 6821 元。

2.4.2　新疆维吾尔自治区

新疆作为我国五大牧区之一是重要的畜牧业生产基地。全疆拥有天然草地 8.6 亿亩，可利用天然草地 7.2 亿亩，约占全疆土地总面积的 34.68%，占全国草地面积的 16%，规模仅次于西藏自治区和内蒙古自治区。作为干旱半干旱地区，2000 年新疆天然草原退化率达到 61%，2007 年草原退化率上升到 80%，其中严重退化草地面积达到 37%以上(新疆维吾尔自治区环境保护局，2008)。国家从 2003 年开始启动退牧还草工程以来就把新疆列入实施退牧还草及生态补奖的重要省(区)之一。新疆退牧还草主要安排在北疆牧区的伊犁哈萨克自治州(霍城县、尼勒克县、巩留县、昭苏县)、阿勒泰地区(吉木乃县、托里县、清河县)、塔城地区(塔城市、额敏县、托里县、和丰县)、昌吉回族自治州(阜康市、玛纳斯县、木垒县、奇台县)和博尔塔拉蒙古自治州、巴音郭楞蒙古自治州的 22 个牧业县和 15 个半牧业县。在 2003 年以来，国家先后在新疆投资近 30 亿元进行禁牧、休牧、轮牧围栏和草原补播等建设；2007 年开始在新疆开展饲料地建设试点；2011 年又把退牧还草项目纳入草原保护生态奖补范畴。从 2003 年至 2011 年间，新疆维吾尔自治区已实施退牧还草、草原生态保护建设禁牧面积 1523.33 万 hm²，其中禁牧 387.33 万 hm²，休牧 917.6 万 hm²，轮牧 218.4 万 hm²。全区已建成人工草料基地 10.9 万 hm²、改良草地 80 万 hm²、优良牧草种子基地 0.7 万 hm² 和草原围栏 601.8 万 hm²。除退牧还草工程项目区外，全区其他 3600 万 hm² 天然草原均实施了草畜平衡管理措施，采取“整体推进、分年达标”的原则，逐步完成牲畜转移安置计划，截至 2011 年，全区累计完成转移放牧牲畜 399 万羊单位(张炜，2013)。

根据 2019 年植被调查监测结果，退牧还草工程区植被平均高度和盖度分别为 27.90 cm 和 58.95%，分别比非工程区平均高出 11.15 cm 和 9.3%；退牧还草工程区植被平均干草产量为 1124.39 kg/hm²，比非工程区平均高出 540.85 kg/hm²。草地类型对退牧还草工程的植被恢复效应存在一定的响应差异。山地草甸类、温性草原类和温性荒漠类退牧还草工程区植被平均高度明显高于非工程区，而温性草原化荒漠类和低地草甸类退牧还草后植被平均高度变化不明显。所有草地类型退牧还草工程区的植被盖度均明显高于非工程区，其中温性荒漠类和低地草甸类工程区植被盖度提高效果最显著，温性荒漠类和低地草甸类工程区植被盖度分别为 43.36%和 75%，分别比非工程区提高了 33.5%和 25%。所有草地类型退牧还草工程区的干草产量均显著高于非工程区，其中山地草甸类和温性草原类尤为突出，山地草甸类和温性草原类工程区干草产量分别为 2948.84 kg/hm^2 和 875.96 kg/hm^2，增幅分别达到了 179%和 101%；温性荒漠草原类、温性草原化荒漠类和温性荒漠类退牧还草工程区比非工程区干草产量增幅分别为 55.1%、58.94%和 44.38%，低地草甸类工程区增幅最小也达到了 16.36%（乌鲁木山·布仁巴依尔，2020）。

2.4.3 西藏自治区

西藏是我国五大牧区之一，拥有各类天然草地面积达 8106.67 万 hm^2。据统计数据显示，西藏草原退化面积已达到 4333.33 万 hm^2，超过西藏草场总面积的 50%，尤其以那曲地区为主的藏北草原退化趋势更为严峻。2004 年开始西藏在 12 个县实施了退牧还草工程，2004 年当年国家安排中央投资 1820 万元和饲料粮补助 192 万元，首先在那曲、比如、改则 3 县开始实施退牧还草工程试点。总体上国家在 2004—2010 年向西藏自治区下达退牧还草工程建设任务 456.07 万 hm^2，工程总投资达到 19.29 亿元，截至 2011 年，西藏 7 地（市）已经实施退牧还草工程建设任务 516.4 万 hm^2，全面完成国家下达的退牧还草任务。项目主要执行期 2004—2006 年累计总投资 7.3 亿多元，其中国家投资 5.3 亿多元，地方配套资金 1.9 亿多元。工程区下达草场围栏建设任务 175.33 万 hm^2，其中 2004 年完成草场围栏建设 139.09 万 hm^2，完成计划任务的 105%，完成国家投资 1820 万元，2005 年完成草场围栏任务 50.50 万 hm^2，完成计划任务的 94.69 %，补播改良 3.50 万 hm^2，完成计划任务的 21.8%，完成国家投资 1.3 亿元。2006 年第一批国家下达草场围栏任务 60.00 万 hm^2、草场补播 18.00 万 hm^2，国家投资 1.8 亿多元；第二批国家下达草场围栏任务 53.33 万 hm^2、草场补播 16.00 万 hm^2，国家投资 1.6 亿多元。

退牧还草工程的实施有效遏制了西藏地区的草地退化和沙化趋势，促进了生态环境进一步好转。2008 年对安多县、那曲县、昂仁县和改则县 2005—2006 年的监测结果显示，退牧还草工程区内植被覆盖率比非工程区平均提高了 18.21%，植被高度由 5.72 cm 提高到 7.64 cm，产草量提高了 35.45%，生态效益显著。基于 2011—2012 年西藏地区的 MODIS 和 CASA 模型模拟结果，退牧还草工程区高寒草地净初级生产力 NPP 平均增幅可达 10.8%，但不同草地类型对退牧还草的响应存在差异，高寒草甸生产力的增量、增比和上升趋势显著高于其他草地类型。基于《2017 年西藏自治区草原资源与生态监测报告》，2017 年全区草原综合植被盖度达到 45.2%，比 2011 年（全面建成草原生态保护补助奖励机制年）提高了 2.3%；全区天然草原鲜草产量为 970.56 亿 kg，比 2011 年增加 95.91 亿 kg，全区草地总生物量和鲜草生物量均达到近 3 年来最大值。草原综合植被盖度在 1%～20%的草地面积比 2010 年减少 5.91%，综合植被盖度在 20%～40%的草地面积比 2010 年显著增长率大于 15%，综合植被盖度在 60%～80%和 80%～100%的草地面积比 2010 年增长率均大于 5%（卫草源，2018）。西藏 2006 年在区域内 26 个县大力推行了草场承包责任制，牧民们得以妥善经营承包到户的 3620 万 hm^2 草场，有效调动了农牧民保护和建设草场的积极性。

2.4.4 青海省

青海省退牧还草工程从 2003 年开始实施，国家累计下达青海省退牧还草任务为 760 万 hm^2。

按照全省生态保护补助奖励机制实施方案确定的目标,5 年内在草畜平衡区实施 766 万 hm^2 建设任务,在禁牧区实施 700 万 hm^2 建设任务。退牧还草工程范围主要包括玉树州 6 县、果洛州 6 县、黄南州 4 县、海南州 3 县、海北州 3 县、海西州 3 县共 6 州 25 县。截至 2011 年 9 月,青海省累计完成禁牧封育退化草地 826.7 万 hm^2,占全省中度以上退化草地面积的 45.6%,完成退牧草地补播 164.2 万 hm^2,集中连片治理退化草地 20.6 万 hm^2。各类建设项目合计完成国家投资 20.11 亿元,全面完成了 2003—2010 年国家下达的计划任务。通过围栏封育、补播改良、减畜禁牧措施的落实,工程区草地生态环境逐年向良性方向发展(王孝发 等,2012)。

青海省针对生态保护重点区域三江源专门制定了《三江源自然保护区保护与建设工程总体规划》,退牧还草工程规划 5 年禁牧期(2004—2008)完成退牧还草 643.88 万 hm^2,其中核心区禁牧面积 204.84 万 hm^2,缓冲区禁牧面积 155.03 万 hm^2,试验区禁牧面积 284.02 万 hm^2。按照国家实施退牧还草标准测算每亩草场补助饲料粮 2.75 kg(饲料粮补助折现按 0.9 元/kg 计),补助期 5 年,围栏建设投资 1.33 元/hm^2(其中中央投资 70%,地方配套及农牧民自筹 30%)。规划三江源退牧还草工程总投资 31.27 亿元,其中中央投资 25.474 亿元;其中围栏 19.32 亿元,中央投资 13.52 亿元,地方配套 5.80 亿元;其中核心区 6.15 亿元,缓冲区 4.65 亿元,实验区 8.52 亿元。5 年禁牧期共补助饲料粮 13.28 亿 kg,补助总额 11.95 亿元,年饲料粮补助量为 2.66 亿 kg,年补助金额 2.39 亿元,全部为中央投资。截至 2009 年,青海省三江源自然保护区共下达退牧还草任务 292 万 hm^2,下达投资 8.68 亿元;目前累计完成退牧还草任务 260.67 万 hm^2,占下达任务的 89.27%,完成国家建设投资 7.55 亿元,占下达任务的 86.98%,累计兑现饲料粮补助 2.81 亿元。

青海省退牧还草工程区调查监测结果表明,工程区草地平均植被盖度在 80% ~90%之间,比非工程区提高了 15%~20%,工程区内牧草高度在 8.5~13.5 cm 之间,比非工程区提高了 3.5~5.5 cm,牧草平均产量从 2005 年度的 1591.83 kg/hm^2 提高到 2009 年的 2012.90 kg/hm^2,单产量增加比例为 26.45%。退牧还草工程区内草地枯落物多于非工程区,微生物分解过程使土壤通透性提高,草地环境有了明显改善。青海省退牧还草工程区牲畜原有存栏量为 1279 万羊单位,工程区理论载畜量为 640 万羊单位,超载 639 万羊单位,超载率为 99.84%。通过退牧还草工程完成减畜 459 万羊单位,项目区超载率下降了 71.71%,草畜矛盾得到有效缓解(王孝发 等,2012)。三江源地区草原调查监测数据结果显示,2009 年不同草地类型退牧还草区牧草平均产量为 2748.12 kg/hm^2,比 2006 年的 2563.1 kg/hm^2 提高了 7.22%。2009 年多个工程实施县域退牧还草工程区平均植被盖度和牧草平均产量分别为 86.47%和 3127.76 kg/hm^2,分别比 2006 年工程区植被盖度和牧草产量提高了 11.6%和 3.74%,比 2009 年同期非工程区的牧草产量提高了 29.33%。据 2008 年生态监测资料显示,自退牧还草工程实施以来,三江源自然保护区草地按照综合评价标准划分的"亚健康"和"不健康"级别草地类型逐渐向"健康"和"较健康"级别状况方向演替(石凡涛 等,2011)。

2.4.5 甘肃省

甘肃省各类草地资源面积 1575 万 hm^2,占土地资源总面积的 36.47%,其中天然草地面积 1564.83 万 hm^2,占草地总面积的 99.34%,主要分布在甘南、祁连山地、西秦岭、马山和关山等海拔在 2400~4200 m 的区域,气候高寒阴湿、海拔 3000 m 以上地区的草地可利用面积约 427.5 万 hm^2,占全省利用草地总面积的 23.84%(徐新良 等,2017)。自 2003 年退牧还草工程启动实施以来,国家安排工程围栏建设任务 593.96 万 hm^2,其中禁牧围栏 245.12 万 hm^2,

休牧围栏 343.51 万 hm^2，轮牧围栏 5.34 万 hm^2，退化草原补播改良 140.40 万 hm^2。工程实施范围包括甘南州的碌曲、玛曲、夏河、迭部、卓尼、合作、临潭，酒泉市的肃北、阿克塞、瓜州，张掖市的肃南、山丹，武威市的天祝、民勤，金昌市的永昌，定西市的漳县，庆阳市的环县等 17 个县市，工程建设总资金 2.16 亿元。

地面监测结果表明，肃南县休牧工程区内高寒草甸平均植被盖度为 97%，比工程区提高 5%，鲜草产量和风干重产量分别为 6990 kg/hm^2 和 2130 kg/hm^2，比非工程区分别提高 2100 kg/hm^2 和 2130 kg/hm^2；禁牧工程区内荒漠草原平均植被盖度为 58%，比非工程区提高 10%，鲜草产量和风干重产量分别为 4215 kg/hm^2 和 1425 kg/hm^2，比非工程区分别提高 1950 kg/hm^2 和 600 kg/hm^2；补播改良草地工程区植被盖度为 97%，比未改良草地提高了 23%，鲜草产量和风干重产量分别为 9205 kg/hm^2 和 4272 kg/hm^2，比未改良草地分别提高 5545 kg/hm^2 和 3019 kg/hm^2。碌曲县 2010 年退牧还草工程区杂草和毒草地上生物量分别下降 155 kg/hm^2 和 95 kg/hm^2。肃北、阿克塞县项目区草原野生动物百千米遇见率也由项目实施前的 1～2 头(只)提高到 3～4 头(只)以上。通过饲料粮补助政策，使农牧民用于生产畜牧业的生产性投资明显增加，有力地促进了项目区畜牧业基础设施建设。项目区禁牧后也使农牧民发展舍饲养殖、调整畜群结构、更换牲畜品种，促进了牧区生产方式的转变，增加了农牧民收入。2007 年甘南州玛曲县牧民人均纯收入达到 2855 元，高出全省平均 2329 元水平。阿克塞县 2007 年人均纯收入达到 6818 元，是全省人均收入的 2.9 倍(张贞明 等，2011)。

2.4.6 宁夏回族自治区

宁夏回族自治区天然草原面积为 301.4 万 hm^2，占全区土地总面积的 45.4%，主要以干草原和荒漠草原为主，分别占宁夏草地总面积的 24%和 55%。基于国家政策和区域草原退化概况，自治区政府研究决定将退牧还草工程实施范围由国家确定的 7 县(市)扩大到中部干旱带的 16 个县(市)区。2003—2006 年宁夏全区完成围栏任务 121 万 hm^2，补播改良任务 21 万 hm^2；2003—2008 年合计完成草原围栏建设 145.7 万 hm^2，重度退化草原补播改良 25.2 万 hm^2，累计完成工程中央资金 3.23 亿元。基于退牧还草工程区实施范围扩大，自治区对饲料粮补助标准进行相应调整。2003 年补助饲料粮标准为 9 kg/hm^2(8.1 元)，2004 年后改补现金，2004—2009 年折现每公顷补助标准为 20.1 元、32.4 元、51 元、67.5 元、45.75 元和 36 元，合计兑现退牧还草饲料粮补助 3.89 亿元。为配合退牧还草项目实施，自治区政府大力发展退牧还草后续产业，陆续实施了“10 万贫困农户养羊工程”“百万亩人工种草工程”和“南部山区生态养牛工程”，重点解决禁牧后饲草料短缺、棚圈建设、饲草料加工等问题。截至 2008 年底，宁夏多年生人工草地留床面积已突破 40 万 hm^2，一年生人工草地面积 13.33 万 hm^2，使人工草地与天然草地总面积比例达到 1∶5，为发展舍饲养殖奠定了坚实的基础。

据 2007 年草原监测结果，退牧还草工程区草原植被盖度年均递增 20.02%，最高达 51.33%；植被高度平均提高了 3.19 cm，地上生物量平均提高了 114.67%，工程区内的鲜草产量比非工程区提高了 86.16%，植被盖度和植被高度分别提高了 18.72%和 41.42%。全区干草原、荒漠草原和草原化荒漠的植被盖度分别增加了 50%、20%和 25%，全区平均产草量提高了 30%，草原沙化趋势得到一定程度的遏制。据测算，全区天然草原的生态服务价值由 2004 年未实施退牧还草工程前的 48.31 亿元提高到 2007 年的 53.85 亿元，人工草地的生态服务价值由 2004 年的 20.34 亿元提高到 2007 年的 28.89 亿元(张宇 等，2010)。通过实施禁牧封育和舍饲圈养，不仅有效减轻了天然草原放牧压力，而且有效引导了畜牧业生产方式，大幅提升了农牧民收入。2008 年宁夏肉羊饲养量达到 1100 万只，比禁牧前增加了 25%，畜牧业产值占农业总产值比重达到 37%，农牧民人均牧业收入由 826 元提高到 1171 元。

2.4.7　四川省

四川省地处长江上游，川西北地区大量的天然草地是重要的畜牧业生产基地和重要的生态水源涵养区。近年来由于多种因素影响导致川西北草原退化沙化趋势严重，现有“三化”草地面积达到 1066.7 万 hm^2。正是基于特殊的自然地理位置和生态环境条件使四川省成为优先启动退牧还草工程试点省份之一，而川西北成为实施退牧还草工程的主要区域。四川省在 2003—2018 年度内在甘孜、阿坝、凉山州的石渠、红原、木里等 48 个县实施了国家天然草原退牧还草工程。中央投资 35.14 亿元，开展围栏建设 938.73 万 hm^2，其中禁牧 235.00 万 hm^2、休牧 8596.33 万 hm^2、划区轮牧 107.40 万 hm^2、退化草原补播改良 239.20 万 hm^2、人工饲草地建设 5.60 万 hm^2，舍饲棚圈建设 4.7 万户，黑土滩治理 0.73 万 hm^2，毒害草治理 0.67 万 hm^2。

据 2017 年监测数据表明，退牧还草工程区平均植被盖度为 89.3%，比非工程区提高了 12.4%，工程区平均植被高度和鲜草生物产量分别为 23.4 cm 和 372.1 kg/亩，比非工程区分别提高了 46.3%和 17%，比全省天然草原平均产量高出 13.6%。四川省草原区以退牧还草工程为契机，积极落实草原生态补奖政策，改善草原畜牧业基础设施，实行禁牧休牧划区轮牧，推行舍饲半舍饲，有力地推进了草原畜牧业生产方式的转变。通过工程实施，广大农牧民不仅享受到国家补贴政策，而且生产生活条件得到明显改善，收入逐年增加。2017 年牧区农牧民人均可支配收入 11308 元，比 2016 年收入增长 33%，显著提高了农牧民参与工程建设、自觉管护草原、维护牧区藏区稳定的积极性（四川省农业厅草原处，2018）。

参考文献

何昌茂，2000. 面向新世纪牧区畜牧业要大发展：关于加快发展我国草原畜牧业几个问题的探讨[J]. 四川草地(2)：1-6.

黄国安，叶红，敖日格乐，草原，娜仁托娅，2010. 内蒙古自治区退牧还草工程进展情况及几点建议[J]. 内蒙古草业，22(4)：3-5.

李博，1997. 中国北方草地退化及其防治对策[J]. 中国农业科学，30：2-10.

李愈哲，樊江文，张良侠，翟俊，刘革非，李佳，2013. 不同土地利用方式对典型温性草原群落物种组成和多样性以及生产力的影响[J]. 草业学报，22：1-9.

罗旭，2013. 农业部：退牧还草等生态工程效果显著[J]. 农业环境与发展(2)：109.

宁启文，胡乐鸣，2017. 中国农业年鉴：农业政策与保障：退牧还草工程[M]. 北京：中国农业出版社.

石凡涛，马仁萍，常琪，2011. 三江源地区退牧还草工程实施情况调查[J]. 草业与畜牧(8)：31-38.

四川省农业厅草原处，2018. 促进生态文明建设共创绿色美丽四川-四川省退牧还草工程成效显著[J]. 四川畜牧兽医(9)：10-12.

王国钟，建原，娜日斯，2004. 保护草原生态环境促进牧区经济发展[J]. 内蒙古草业(9)：4-6.

王孝发，容旭翔，2012. 青海省退牧还草工程与思考[J]. 青海草业(2)：32-36.

王艳华，乔颖丽，2011. 退牧还草工程实施中的问题与对策[J]. 农业经济问题，(2)：99-103.

卫草源，2018. 西藏发布 2017 年草原资源与生态监测报告[J]. 中国畜牧业，16：58.

魏松，2006. 内蒙古实施“退牧还草”工程的实效与问题研究[D]. 呼和浩特：内蒙古农业大学.
乌鲁木山·布仁巴依尔，2020. 退牧还草工程对新疆草原植被恢复的影响[J]. 新疆畜牧业，35(6)：27-29.
新疆维吾尔自治区环境保护局，2008. 2007年新疆维吾尔自治区环境状况公报[Z].
徐斌，陶伟国，杨秀春，覃志豪，高懋芳，2007. 我国退牧还草工程重点县草原植被长势遥感监测[J]. 草业学报，16(5)：13-21.
徐新良，王靓，李静，蔡红艳，2017. 三江源生态工程实施以来草地恢复态势及现状分析[J]. 地球科学信息学报，19(1)：50-58.
张海燕，樊江文，邵全琴，张雅娴，2016. 2000—2010年中国退牧还草工程区生态系统宏观结构和质量及其动态变化[J]. 草业学报，25(4)：1-15.
张海燕，樊江文，邵全琴，2015. 2000—2010年中国退牧还草工程区土地利用/覆被变化[J]. 地球科学进展，34(7)：13-21.
张会萍，王冬雪，杨云帆，2018. 退牧还草生态补奖与农户种养殖替代行为[J]. 农业经济问题(7)：118-127.
张苏琼，阎万贵，2006. 中国西部草原生态环境问题及其控制措施[J]. 草业学报，15(5)：11-18.
张炜，2013. 新疆退牧还草补偿机制绩效分析-以阿勒泰地区为例[D]. 乌鲁木齐：新疆农业大学.
张宇，王佺珍，2010. 宁夏退牧还草工程绩效及可持续性分析[J]. 当代畜牧(1)：53-55.
张贞明，阿不满，杨俊基，2011. 退牧还草工程在甘肃的实践及思考[J]. 农业科技与信息，21：53-54.
朱军强，2011. 国家退牧还草工程出台新政策[J]. 中国产业(10)：18-19.

第3章　退牧还草对草地植物多样性及牧草品质影响评估的必要性和技术方案

3.1　必要性

生物多样性是生物及其与环境形成的生态复合体以及与此相关的各种生态过程的综合，包括数以百万级的动物、植物、微生物和它们所拥有的基因以及它们与其生存环境形成的复杂生态系统，也是生命系统的基本特征和重要组成部分。草原生态系统是陆地生态系统中生物多样性的重要组成部分，在保持水土、涵养水源、净化空气、防止荒漠化、维持生态平衡、保持国土资源合理承载力、维护国家生态安全方面具有独特的战略地位(徐柱 等，2011)。我国草原分布于多种不同的地理区域，自然条件复杂多样，由此孕育了种类丰富的植物资源，也供养着种类繁多遗传性状多样的动物资源。依据全国第一次草地植物资源普查数据，初步收录254科4000多属9700多种植物，世界著名栽培牧草在我国草原均有野生种和近缘种分布。草原物种多样性也是人类赖以生存和发展的特殊生境和重要物质基础，是区域社会稳定和可持续发展的根本保障。人们从草原植物多样性组分中获取所需的食品、药物和工业原料等，并能实现社会娱乐和旅游休憩等直接价值(谢高地 等，2001)。但近年来随着全球生物多样性下降趋势加剧，我国草原植物种类的维系也面临着巨大挑战，特别是超载放牧等人为干扰因素导致物种多样性下降或者丧失，使草原植物多样性面临严重的威胁。

牧草品质是从草地植物资源生产功能角度评价草地畜牧业生产潜力的重要指示性指标，主要包括产量品质和营养品质(李艳琴 等，2008；杜笑村 等，2010；陈乐乐 等，2015)。营养品质是指适合牲畜取食的不同营养指标含量，而产量品质则指所有能够提供给牲畜取食的牧草产量。草原生产力可以用产草量和草地合理载畜量来判断，牧草营养品质则可以决定草地被牲畜利用效率，特别是不同牧草种类的利用效率差异和与牲畜取食偏好会直接影响草地畜牧业生产力(侯留飞 等，2017a，2017b；谷英 等，2018)。牧草是草原物种多样性的组成部分，但不是所有草原植物种都是可以被牲畜取食的优良牧草，很多植物甚至含有对牲畜毒害作用的物质。草原物种多样性与草地生产力有一定正相关关系，但是不一定与牧草营养品质和产量品质呈正相关关系，凸显了草原生物多样性生态保护功能与畜牧业发展生产功能之间的相关性和矛盾性。

自2003年退牧还草工程实施以来对实施效果的监测和评估从未间断，但这些评估或多或少存在下述问题：(1) 聚焦于局部区域或特定年份，对全局缺乏把握；(2) 囿于书本和成见，对新问题关注不足；(3) 关注以往较多，对理念更新、社会发展和技术进步带来的可能变化融合不充分。我国实施退牧还草工程的区域较为广泛，草地类型、退化程度以及工程实施方式不一致。以往评估工作常以点面等小尺度为主，缺乏大尺度上植物多样性和牧草品质等生态系统尺度数据支撑。因此，从现实的、全局的角度出发，针对我国北方不同区域、草地生态系统类型、草地退化程度、退化管理措施、实施年限、管理目标，亟须开展多尺度(区域尺度、生态系统尺度、群落尺度)、分类型(温带草甸草原、温带典型草原和温带荒漠草原、高寒草原)的退牧还草政策(工程)对草地植物多样性和牧草品质影响的定量或定性评估，科学评价退牧还草政策实施对生态保护和生产功能的影响效果及现存问题，提出针对性的政策和技术建议，对强力推进我国草原生态保护和可持续发展建设具有十分重要的意义。

3.2 技术方案

3.2.1 评估区域

针对内蒙古、新疆、西藏、青海、甘肃和宁夏等实施退牧还草工程主要省(区)开展不同草原生态系统的植物多样性和牧草品质的综合评估工作。草原生态系统按气候和植物类型主要划分为温带草甸草原、温带典型草原、温带荒漠草原和高寒草原几种类型(图 3-1)，同时涉及隐域性沙化草地。温带草原主要以内蒙古自治区为主，高寒草原以西北草原区(藏北、川西北和新疆部分地区)为主。温带草甸草原和典型草原主要以呼伦贝尔草原和科尔沁草原、中部锡林郭勒草原为评估区域，荒漠草原主要以巴彦淖尔市和阿拉善盟、以及陕甘宁等西北草原区为评估区域。

图 3-1 退牧还草工程区主要草原生态系统类型

3.2.2 评估方法

评估主要采取野外样地调查、专家和管理机构及入户调研、以及查询国内外数据库等途径，目标是系统收集退牧还草工程对生物多样性和牧草品质影响的相关资料和数据。2019 年 7 月针对内蒙古自治区开展了温带草甸草原、典型草原和荒漠草原生态系统类型的野外样地调查工作。原计划 2020 年针对新疆、青海和西藏等省(区)高寒草地类型开展的野外调查工作,因疫情原因导致未能实施。资料和数据收集工作主要利用数据库如中国知网 CNKI、维普中文科技期刊、万方中文数据库、PQDT-博硕士论文、Wiley & Blackwell、SpringerLink、Web of Knowledge 等期刊网站,以退牧还草工程、草原类型、分布区域、围栏禁牧、划区轮牧、季节性放牧、物种多样性、牧草种类及品质等为关键词组合搭配,共收集与退牧还草工程及生物多样性及牧草品质相关研究文献 800 余篇。通过文献查阅方式基本解决了高寒草原类型野外调查数据和资料缺失的问题。

野外样区调查提供的物种多样性状况通常反映草原目前的生物多样性状态,对于退牧还草工程实施前后不同尺度或区域变化的评估存在局限。学术文献对退牧还草工程实施过程中出现的问题进行了梳理和研判。通过对专家系统、不同层面草原管理机构和农牧户入户调研,针对与退牧还草工程密切相关的政策性问题、管理性问题和实施问题等进行问卷调查。以内蒙古自治区退牧还草工程区调研为例,结合野外调查获取的草地植物多样性、草地生产力、牧草品质及草地环境质量,结合收集整理到的研究区相关文献资料,按区域、草地类型、尺度、退化类型和程度、封禁年限梳理不同退牧还草方式对草地质量的影响,描述退牧还草工程对草地生物多样性影响的规律,解析其过程与原因,系统评估退牧还草工程的实施效果、梳理工程实施过程中存在的问题、总结并提出相关的政策和技术建议。

3.2.3 调研区域

退牧还草工程区样地调查和调研工作主要在内蒙古自治区开展。内蒙古自治区有天然草原 86.7 万 km^2,东西绵延 2400 km,占全区土地总面积 74.5%,占全国草原面积 22%,因此成为我国退牧还草工程的重点实施区域。2003 年 3 月内蒙古自治区开始部署国家和自治区两个层面的退牧还草工程,经两年试点后于 2005 年全面实施。2019 年 7 月份,研究团队在内蒙古自治区盟县林草局及各级管理人员配合下开展了内蒙古退牧还草工程区实地调研工作。调研工作涉及的 16 个旗县主要包括呼伦贝尔 3 个主要草原旗县、科尔沁 6 个代表性草原旗县、锡林郭勒 3 个典型草原旗县和西部 4 盟(市)3 个主要草原旗县,16 个旗县中主要包括 4 个苏木(乡镇)、15 个嘎查(村)和 39 户牧户(表 3-1)。

表 3-1 内蒙古退牧还草调研的乡镇(苏木)、村(嘎查)和牧户

盟(市)	旗(县)	乡镇(苏木)	村(嘎查)	牧户
赤峰市	翁牛特旗	阿什罕苏木		1
	敖汉旗			
通辽市	科尔沁左翼后旗		乌日都巴嘎布拉格	2
			新农村	4
	扎鲁特旗		乌力吉木仁保护区	1
兴安盟	科尔沁右翼前旗	满族屯乡	满族屯村	3
		桃合木苏木	乌审一合	2
	科尔沁右翼中旗		茫来嘎查	2
			海利金茫哈嘎查	1
			毛仁塔拉草原	1
呼伦贝尔市	鄂温克旗			
	陈巴尔虎旗			1
	新巴尔虎左旗			1

续表

盟(市)	旗(县)	乡镇(苏木)	村(嘎查)	牧户
锡林郭勒盟	东乌珠穆沁旗		阿木古楞嘎查	2
	西乌珠穆沁旗		新宝拉格	4
	苏尼特右旗		阿尔善图嘎查	4
乌兰察布市	四子王旗	脑木更苏木	哈沙吐嘎查	2
巴彦淖尔市	乌拉特后旗		高阙赛嘎查	1
阿拉善盟	阿拉善左旗		巴音朝格图嘎查	3
鄂尔多斯市	鄂托克旗		白音乌素嘎查	4
合计	16	4	15	39

3.2.4 植物多样性评估方案

植物多样性评估数据以样区调查和研究论文资料数据收集为主。样区调查选择调查大样方 200 m×200 m,记录样区 GPS(全球定位系统)位置和海拔高度,采取每间隔 10 m 的样线法调查样方内植物种类、数量、高度、盖度和生物量。实地调研确定样区主要退牧还草工程及其执行时间。通过对退牧还草地区农牧民、基层干部、草原管理和建设人员进行调研交流,结合野外调查获取的草地植物多样性、草地生产力及草地环境质量数据,同时尽可能多地收集整理相关文献资料(包括已发表论文和学位论文)。在此基础上,通过按区域、草地类型、尺度、退化类型和程度、封禁年限梳理不同退牧还草方式对草地质量的影响,描述退牧还草工程对草地生物多样性影响的规律,解析其过程与原因,总结并提出相关的政策和技术建议(图 3-2)。

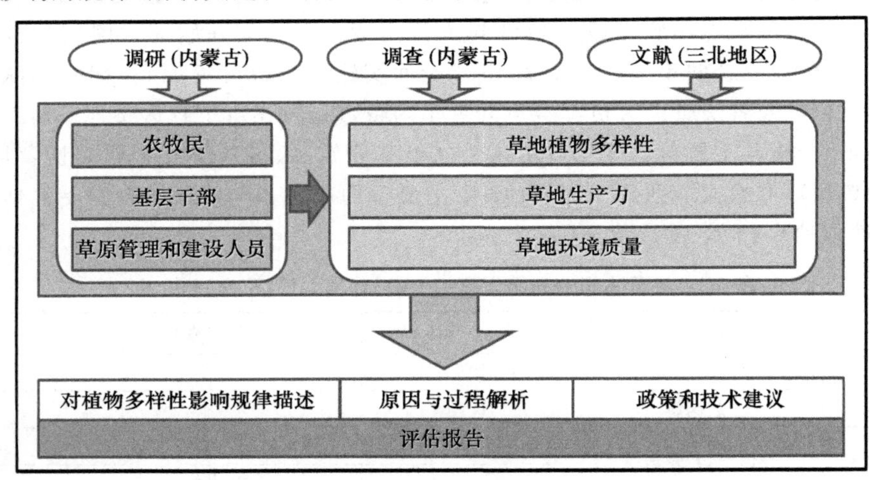

图 3-2 退牧还草工程区植物多样性评估技术路线图

针对如下关键问题进行退牧还草工程区不同层面的问卷调研。(1) 退牧还草地区草地畜牧业基本情况;(2) 对退牧还草政策的态度(支持、反对)及原因;(3) 不同退牧还草措施(围栏封育、划区轮牧、禁牧、休牧)对草地生产力(牧草产量、牧草品质等)的影响;围栏对草地动物活动(动物种类变化、数量增减、活动迁移和繁育)的影响;(4) 动物(啮齿类)增减对草地生产力(草地变好?变坏?植被、土壤、水分变化?)的影响;(5) 退牧还草生态补贴方式和标准(统一标准?按草地类型?退化沙化程度?按草地生产力?)调整建议及依据;(6) 退牧还草对农牧民家庭经营方式(传统放牧、棚饲圈养、种养结合)及经济收入(收入增减)的影响进行问卷调研(表 3-2),系统评估退牧还草工程的实施效果、梳理工程实施过程中存在的问题、征集相关的政策和技术建议。

表3-2　退牧还草政策对生物多样性和牧草品质调研问卷

一、填表人基本信息

填表日期：________年________月________日　　　　填表人____________________

□行政管理者　　□科研人员　　□基层工作者　　□草地经营企业　　□农牧民

行政位置：________________省(自治区)________________市(盟)________________县(旗)

________________乡镇(苏木)________________村(嘎查)

二、退牧还草地区草地畜牧业基本情况

草地类型：□典型草地　　□沙化草地　　□荒漠草地　　□高寒草地

草地总面积________亩，天然草地面积________亩，人工草地面积________亩。

草地退化程度：□轻度，________亩，　□中度，________亩，　□重度，________亩

退牧措施：围栏封育面积　　亩，退化改良面积　　亩，补播草地面积　　亩

草地经营方式：□禁牧　　□轮牧　　□休牧

围栏封育年限：□1～2年　□3～5年　□5～10年　□10～15年　□15年以上

倾向何种养殖方式：□舍饲　　□半舍饲　　□放牧

饲草料来源：□自产　　□购买

牲畜数量：羊________头/年，牛________头/年。

现有补贴标准：□偏高　　□适中　　□偏低　　期望补贴标准：________元/公顷。

补贴持续时间：□1～2年　□3～5年　□5～10年　□10～15年

三、对退牧还草政策的态度(支持、反对)，为什么？

四、不同退牧还草措施对草地生产力的影响如何？

(围栏封育、划区轮牧、禁牧、休牧；牧草产量、牧草品质)

五、围栏对草地动物活动的影响如何？

(动物种类变化、数量增减、活动迁移和繁育)

六、动物(啮齿类)增减对草地生产力和牧草产量的影响如何？

(草地变好？变坏？植被、土壤、水分变化?；牧草增加？减少?)

七、退牧还草对农牧民家庭经营方式及经济收入的影响如何？

(传统放牧、棚饲圈养、种养结合；收入增减)

八、退牧还草补贴方式和标准如何调整？依据是什么？

(统一标准？按草地类型？退化沙化程度？按草地生产力?)

九、其他方面的意见或建议

3.2.5 牧草品质评估方案

针对我国北方草原生态系统的温带草甸草原、典型草原、荒漠草原、沙化草地和高寒草原，系统开展不同退牧还草措施（禁牧、刈割、休牧、轮牧、轻牧）对牧草组成及优势度、牧草产量及养分品质影响的综合评估。通过野外调查获取不同退牧还草工程区不同退牧措施下的草原植物群落物种组成和生产力数据，并收集不同研究区草原退牧还草工程措施相关的文献资料数据（包括已发表论文和学位论文）。选择不同牧草等级产量或者重要值排序作为植物群落饲用牧草产量，实践中常用且得到理论支持的适口性指标作为牧草饲用等级评价体系（苏大学 等，1983）。基于《中国饲用植物》将不同牧草划分为优良、中等和劣质。系统总结不同天然草原类型植物群落牧草饲用养分指标如粗蛋白质 CP、粗脂肪 EE、粗纤维 CF、粗灰分 Ash 和无氮浸出物 NFE 等对退牧还草的响应差异。科学评价实施退牧还草工程后的草原牧草品质的响应趋势（图 3-3）。

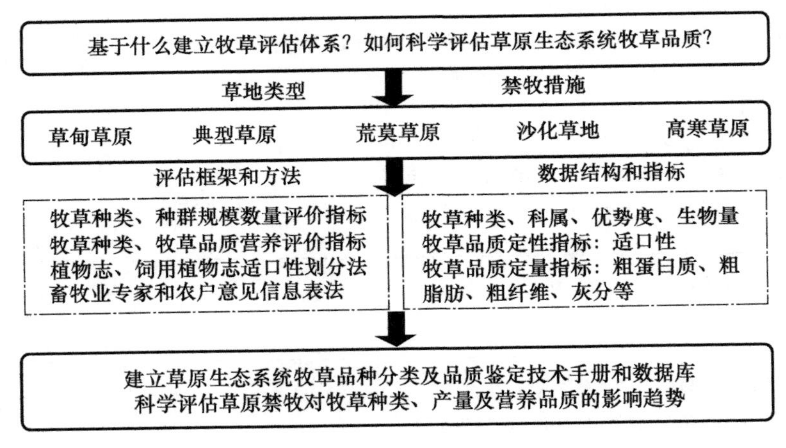

图 3-3　退牧还草工程区牧草品质评估技术路线图

牧草产量是评价草地畜牧业生产功能的重要指标（陈乐乐 等，2015）。草原植被生产量暨牧草产量的时空动态性很强，理想的方式是采取地面实测获得产量数据。但在大量取样不方便的情况下，基于不同植物类群地上生物量与物种重要值之间存在相关性的原则，可以将局域物种组成、植被盖度、高度和密度的植物重要值作为大尺度地上生物量的替代评估指标，采用调查计算物种重要值途径来评估不同尺度上草地资源牧草产量品质。

植物群落建群种或优势种的饲用品质可直接影响牧草产量及家畜利用效率。牧草饲用品质评价主要基于粗蛋白质（CP）、粗脂肪（EE）、粗纤维（CF）、粗灰分（Ash）和无氮浸出物（NFE）等（张凡凡 等，2017）。植物干物质（DM）、粗蛋白（CP）、粗脂肪（EE）、粗灰分（Ash）、粗纤维（CF）、中性洗涤纤维（NDF）、酸性洗涤纤维（ADF）、钙（Ca）、磷（P）和无氮浸出物（NFE）是牧草营养品质和消化代谢能值评估指标。但众多指标都需要针对牧草种类进行单独测试分析，不利于大尺度或大面积的草地资源评估工作。单营养指标评估导致牧草养分归属性不易区分，而基于多种营养指标计算相对饲草品质（RFQ）、相对饲用价值（RFV）、饲草能值（EV）、家畜消化能（DE）及代谢能（ME）划分饲用等级更符合草原精准管理要求（侯留飞 等，2017b）。但精准方法更适用于人工草地或高产饲料基地建设评估，过高的评估成本并不适用于大面积天然草原，实践工作中更多采用牧草适口性指标。长期保证家畜正常健康和生产性能的喜食牧草就是高营养标志，而且适口性指标还能体现家畜对植物有毒有害成分及不利采食形态等方面的抵御机制。基于理论研究结果和生产实践定性的牧草适口性，《中国饲用植物》将牧草饲用品质划分为优良、中等和劣质(陈默君 等，2000)。因此，建议根据草地资源牧草分类体系和等级划分标准，结合物种重要值及地上生物量等指标进行加权计算，构建多层级定性加动态性定量不同组合方式的草地牧草品质综合评估体系。

参考文献

陈乐乐，施建军，王彦龙，马玉寿，董全民，侯宪宽，2015. 高寒地区禾本科牧草生产力适应性评价[J]. 草地学报，23(5)：1072-1079.

陈默君，贾慎修，2000. 中国饲用植物[M]. 北京：中国农业出版社.

杜笑村，仁青扎西，白史且，李达旭，刘刚，2010. 牧草种质资源综合评价方法概述[J]. 草业与畜牧(11)：8-10，20.

谷英，桑丹，孙海洲，金鹿，李胜利，斯登丹巴，凌树礼，珊丹，任晓萍，2018. CNCPS评定毛乌素沙地荒漠化草原区常见牧草营养价值的研究[J]. 畜牧与饲料科学，39(5)：51-56.

侯留飞，乔安海，袁青杉，李娟，2017a. 应用灰色关联度法评定牧草营养价值的研究[J]. 中国草食动物科学，37 (02)：32-34.

侯留飞，乔安海，2017b. 8个牧草品种饲草能值分析与评价[J]. 畜牧与饲料科学，38 (02)：53-54，68.

李艳琴，徐敏云，王振海，于海良，邵长虹，2008. 牧草品质评价研究进展[J]. 安徽农业科学，(11)：4485-4486，4546.

苏大学，廖国藩，1983. 关于中国草地资源数据库的研究[J]. 畜牧兽医学报(4)：6-11.

谢高地，鲁春霞，成升魁，2001. 全球生态系统服务价值评估研究进展[J]. 资源科学，23(6)：5-9.

徐柱，闫伟红，刘天明，吉木色，柳剑丽，2011. 中国草原生物多样性、生态系统保护与资源可持续利用[J]. 中国草地学报，33(3)：1-5.

张凡凡，和海秀，于磊，鲁为华，张前兵，马春晖，2017. 天山西部高山区夏季放牧草地4种重要牧草营养品质评价[J]. 草业学报，26(8)：207-2015.

第4章 退牧还草工程对草原土壤的影响

土壤是生态系统中众多生态过程的参与者和载体，亦是草地生态系统不可或缺的组成部分。土壤是植物生长的物质基础，直接影响植物群落的多样性和生产力。C、N、P是土壤养分中最基本的化学元素，其分布和含量直接影响草地生态系统的功能（何贵永 等，2015）。土壤有机碳是植物生长发育的重要原料，亦是气候变化的指示物，在土壤碳沉降研究中有重要的指示作用；氮素是调节生态系统的生产力、结构和功能的重要元素，也是植物生长发育的必要元素，其含量直接影响群落的初级和次级生产力，在草地生态系统氮循环中发挥重要作用（吴建国 等，2007）；磷是大部分草地植物生长过程中的限制性养分元素（杨树晶 等，2019）。土壤结构和养分状况决定了草地生态系统的生产力水平，对植物群落的组成、生理活动及植物生长起决定性作用（Lopez-Angulo et al.，2020）。

目前关于退牧还草对草原景观、气候等影响的研究较为零散，难于系统整理评估其影响作用。当前研究人员针对退牧还草对草原土壤理化性质、养分组成、微生物及酶活性等生态化学计量特征的影响研究较为全面，故而本章重点分析退牧还草对不同类型草原土壤环境的影响，总结退牧还草工程实施对草原土壤环境的影响。

4.1 退牧还草对草甸草原土壤环境的影响

4.1.1 退牧还草对草甸草原土壤有机碳的影响

对呼伦贝尔草甸草原退牧还草区域1991—2010年变化比较结果显示，实施退牧还草后大部分区域土壤有机碳含量增加，其中，呼伦贝尔草地东北部区域以及东部大兴安岭西麓区域土壤有机碳含量高，中部西部地区土壤有机碳含量较低。对气候情景的模拟结果表明，呼伦贝尔草地到2030年年均碳汇量为198.84万t CO_2，碳汇潜力为5169.73万t CO_2e。与持续放牧比较，呼伦贝尔草地退牧还草区大部分区域草地碳汇潜力增加明显，退牧还草对土壤有机质含量影响显著（赵如梦，2019）。

不同放牧强度会导致土壤有机碳格局发生改变。在以贝加尔针茅（*Stipa baicalensis*）为优势种的草甸草原，轻度放牧下表层（0～10 cm）土壤有机碳含量逐渐降低，但有机碳向深层土壤的转移量增加。10～30 cm土壤有机碳含量显著高于其他放牧处理；0～30 cm土壤中，有机碳含量较未放牧的样地增加了7.19%（张静妮 等，2010）。在轻度放牧以及中度放牧下，表层0～20 cm土壤有机碳含量无显著差异，但是相较于重度放牧处理，轻、中度放牧处理的土壤有机碳显著增高。另外，不论放牧强度如何，土壤有机碳含量在0～10 cm土层中均显著高于10～20 cm土层。而且0～20 cm土层的土壤有机碳含量均表现为，重度放牧处理下的土壤有机碳含量显著低于轻、中度放牧处理（王明君 等，2007）。

4.1.2　退牧还草对草甸草原土壤氮素含量的影响

不同放牧强度处理下，草甸草原土壤全氮含量的变化趋势与土壤有机碳含量变化趋势基本一致，轻度放牧处理下 0～20 cm 土壤全氮与中度放牧下没有显著差异，但显著高于重度放牧处理；长期放牧条件下，随着放牧强度的增加，0～20 cm 土层土壤全氮含量显著降低（王明君 等，2007）。然而，在新疆昭苏草甸草原，不同放牧处理后土壤全氮含量变化同一年内无论在层次还是在放牧处理间均未出现显著差异，但是相比放牧前，0～10 cm 土壤全氮含量仅在中度放牧下出现了一定的增长，其他放牧强度均降低了各层土壤的全氮含量，这可能是放牧后的氮返还欠缺所致（孙宗玖 等，2013）。

4.1.3　退牧还草对草甸草原土壤碳氮比的影响

在内蒙古呼伦贝尔的羊草（*Leymus chinensis*）草甸草原，表层土壤（0～10 cm）对草原退牧敏感，土壤有机碳和全氮含量在围栏禁牧时最高，在持续放牧干扰时最低；土壤碳氮比在围栏禁牧时最低，在持续放牧干扰时最高（表 4-1）。

表 4-1　草甸草原在退牧还草下的土壤有机碳/全氮含量（刘美丽，2016）

退牧措施	有机碳含量(g/kg)			全氮含量(g/kg)			碳氮比 C/N
	0～10 cm	10～20 cm	20～30 cm	0～10 cm	10～20 cm	20～30 cm	
围栏禁牧	40.60	28.27	22.88	3.18	2.31	1.62	12.87
围栏刈割	33.34	29.93	22.99	2.35	2.14	1.79	13.60
季节休牧	36.97	33.11	25.19	2.81	2.32	1.73	13.90
放牧干扰	30.92	22.33	17.38	2.36	1.55	1.04	14.60

4.1.4　退牧还草对草甸草原土壤磷含量的影响

退牧对草甸草原土壤磷含量可能有正负两方面作用。同一年度下不同放牧处理对呼伦贝尔草甸草原各层土壤全磷的影响并不显著，长期放牧后，各放牧处理间差异并不显著，表层土壤全磷含量高于深层，且随着土层的加深，放牧两年后土壤全磷出现了显著降低（王明君 等，2010）。在新疆昭苏草甸草原，同一年内的不同放牧强度处理之间土壤 0～30 cm 全磷含量差异亦不显著。然而，与放牧之前相比，放牧后各土层土壤全磷的含量会出现一定量的增加，土壤全磷含量均随着土层增加呈现增加的趋势。这可能是由于放牧导致土壤的容重增加，促使土壤磷累积加快，同时放牧可能会促进土壤微生物的活动，使得土壤磷矿化加强（孙宗玖 等，2013）。

4.1.5　退牧还草对草甸草原土壤微生物的影响

不同放牧强度对土壤微生物数量及活性影响有所不同。轻度放牧能够增加土壤的矿质氮和磷元素，并且缓解土壤的压实效应，降低土壤其他因子的限制作用，从而对微生物的生长起到一个促进作用，有效提高土壤微生物活性。土壤的微生物数量随着放牧强度的增加呈现出降低的趋势，但微生物量碳则在中度放牧处理下相对较高。放牧强度的不断增大，会对土壤结构造成一定程度的破坏，使得土壤微环境恶化，土壤有机碳和有效养分含量降低，使得微生物赖以生存的环境逐渐恶化，导致微生物的繁殖速率减慢，土壤中微生物的碳氮含量降低，进而影响由微生物主导的那部分养分循环系统，导致土壤养分降低，甚至出现土地退化（王启兰 等，2007）。

一定强度的放牧干扰能够加快土壤中的养分循环，高强度放牧则会导致土壤微生物量的降低，过牧会降低土壤的基础肥力（高英志 等，2004）。

4.2 退牧还草对典型草原土壤环境的影响

4.2.1 退牧还草对典型草原土壤物理性状的影响

退牧还草能在一定程度上降低典型草原土壤 pH，增加土壤含水量。放牧强度的增加导致表层土壤压实，土壤容重增加，土壤非毛管孔隙减少，土壤渗透力和蓄水能力减弱，土壤水分蒸发量增大，溶于地下水的盐类也会随着毛管水上升而积累于土壤表层，造成土壤 pH 值增加，盐碱化程度增大（王玉辉 等，2002）。在内蒙古锡林郭勒草原，随着放牧强度的增加，草地表层（0～10 cm）土壤的含水量呈下降的趋势，但随着土层深度的下降，含水量的变化趋于不明显，说明放牧强度对下层土壤含水量的影响并不是很大，从而导致 10～30 cm 土壤含水量趋于稳定（红梅 等，2004）。

4.2.2 退牧还草对典型草原土壤养分的影响

在内蒙古锡林河流域羊草（*L. chinensis*）典型草原，土壤有机碳含量大体表现为常年放牧地明显高于混合放牧地，且轻牧、重牧、中牧、围封未放牧地土壤有机碳含量随着土层深度的增加而降低（李世卿，2014）。短期禁牧有利于维持土壤质量（宋向阳 等，2018）。但是，土壤有机碳库对退牧还草的响应具有时滞性，大部分退牧草原土壤有机质含量略有增加，但在呼伦贝尔中部少数地区，土壤碳略有减少趋势（纪翔，2019）。

内蒙古锡林河流域羊草典型草原土壤全氮在不同的放牧梯度及不同土层深度间的变化趋势表现为轻牧＞重牧＞中牧＞围封未放牧地，而混合放牧地氮元素的变化趋势比较复杂，相较于常年放牧地，混合放牧地的全氮含量较低。全氮含量随着土层深度的增加而降低（刘楠 等，2010）。在内蒙古呼伦贝尔典型草原上，土壤硝态氮、铵态氮含量随着土层加深而呈现降低的趋势，且放牧相较于围封显著提高了土壤的硝态氮含量。与硝态氮不同，与围封条件相比，放牧条件下铵态氮含量显著降低（丁小慧 等，2012）。

通过对内蒙古锡林郭勒盟锡林浩特典型草原不同放牧制度下的研究发现，土壤全磷含量在禁牧条件下最高，不同放牧制度下同层土壤全磷含量差异显著，20～40 cm 土壤磷含量有显著差异，具体表现为禁牧区＞轮牧区＞自由放牧区，可见禁牧可固持土壤中磷元素，对土壤养分积累表现正效应（李耀 等，2010）。

不同区域的典型草原土壤因子对退牧还草的响应存在差异。在呼伦贝尔典型针茅（*Stipa capillata*）草原，围封退牧提高了土壤含水量、有机质含量、土壤全氮和全磷含量，降低了土壤 pH 值，土壤向更健康状态发展（赵帅，2011）。不同围封年限下，草地植物碳含量随围封年限增加呈先增加后降低的趋势；氮和磷含量与碳含量相反，随围封年限的增加呈先降低后增加趋势，且均在围封 14 年时出现转折点；根据植物 N/P 的大小，判断自由放牧地受氮限制，而围封样地受磷限制（敖伊敏，2012）。

4.2.3 退牧还草对典型草原土壤微生物的影响

围封禁牧增加了典型草原土壤微生物数量及酶活性。与自由放牧草地相比，围封后的内蒙古锡林郭勒盟南部典型草原土壤 0～30 cm 土层细菌、放线菌和真菌数量显著增加，土壤转化酶、脲酶、蛋白酶和过氧化氢酶活性增强，土壤微生物量、碳、氮含量显著增加，且随围封年限的延长呈增加趋势更为明显(单贵莲 等,2008)。

4.3　退牧还草对沙化草原土壤环境的影响

4.3.1　退牧还草对沙化草原土壤物理性状的影响

围封禁牧增加了沙化草原土壤含水量、土壤养分含量，改善了土壤质地，且影响效果随围封年限增加而增强。在科尔沁沙化草原，围封禁牧使 0～20 cm 和 20～40 cm 深度的土壤含水量分别增加了 72%和 91%，土壤机械组成中粗沙粒比例下降了 20%，而细沙粒比例增加了 511%(赵丽娅 等,2017)。在鄂尔多斯沙化草原，禁牧 16 年草地的表层土壤(0～10 cm)中的极细沙、粉粒和黏粒含量显著高于禁牧 5 年草地和自由放牧草地，而土壤容重则显著低于二者(熊好琴 等,2012)。

4.3.2　退牧还草对沙化草原土壤养分的影响

围栏禁牧样地土壤总磷、总氮、速效磷和有机质分别比放牧样地增加了 72%、152%、15%和 272%，速效氮变化不显著(赵丽娅 等,2017)。围栏禁牧使土壤有机碳、总氮、碳/氮、速效磷和速效钾等均有提高，禁牧 16 年的效果显著高于禁牧 5 年和自由放牧的，但禁牧 5 年与自由放牧的差异不显著(图 4-1)。

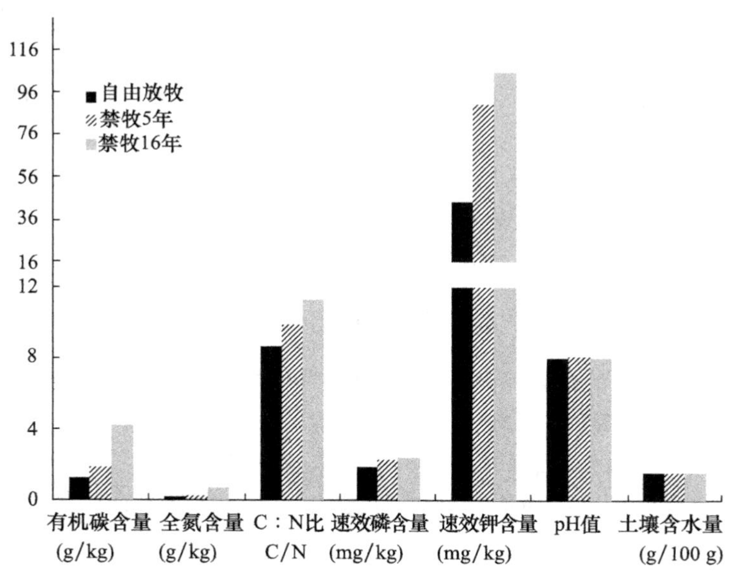

图 4-1　鄂尔多斯沙化草原围封禁牧对土壤的影响(熊好琴 等,2012)

4.3.3　退牧还草对沙化草原土壤微生物的影响

禁牧增加了半干旱区典型沙化草原土壤团聚体中嗜营养型细菌的丰度，减少了适合在极端环境(养分、水分限制等)生存的细菌的丰度。随着禁牧年限的增加，作为有机质主要分解者的真菌，子囊菌(*Ascomycota*)的丰度先增加后减少，担子菌(*Basidiomycota*)的丰度先减少后增加；禁牧对土壤细菌和真菌群落的丰富度的影响效果大于多样性，且丰富度在 0.25～2 mm 的团聚体中较高（鞠文亮，2020）。

4.4 退牧还草对荒漠草原土壤环境的影响

4.4.1 退牧还草对荒漠草原土壤物理性状的影响

荒漠草原土壤物理性状受不同轮牧方式影响。在锡林郭勒荒漠草原，土壤含水量与土壤 pH 值均呈“围栏禁牧区＞划区轮牧区＞自由放牧区”的变化趋势（陈越，2013）。荒漠草原在禁牧和连续放牧、二区、四区和六区轮牧 4 种放牧方式下，在 0～40 cm 土壤中，5～15 cm 和 25～40 cm 土层土壤含水量以四区轮牧和六区轮牧较高，5～15 cm 土层连续放牧草地土壤容重显著高于其他轮牧方式，六区轮牧草地最低。其他各土层的土壤容重和含水率在不同放牧方式下差异不显著，说明牲畜活动对草地土壤容重的干扰作用主要显现在较浅土层。不同轮牧方式下 0～40 cm土壤持水性表现为四区轮牧、围封禁牧和六区轮牧较优，但土壤总孔隙度、毛管孔隙度差异不显著。轮牧方式对土壤颗粒组成无明显影响。六区轮牧有利于维持荒漠草原表层和深层土壤结构的稳定性，二区轮牧有利于维持荒漠草原 5～15 cm 土层土壤稳定性（俞鸿千，2014）。

退牧对荒漠草原土壤物理性状影响受土层深度影响。不同放牧强度对表层 0～10 cm 土壤紧实度的影响较大，随放牧强度的增加土壤紧实度明显增大，重度放牧的土壤紧实度是禁牧样地的 14.5 倍，10 cm 以上深度土层的土壤紧实度无明显变化，受放牧的影响相对有限。不同深度土壤容重的变化与土壤紧实度的变化基本一致，随放牧强度的加重，土壤容重呈不同程度的增大趋势，土壤孔隙度呈降低的趋势，且对表层 0～10 cm 的影响显著，轻度放牧、中度放牧、重度放牧的土壤容重比禁牧样地分别增加了 5.05％、8.54％、11.66％。不同放牧强度下 0～20 cm土层土壤含水量的差异性显著，其中 0～10 cm 土层的变化规律最为明显，随放牧强度的增加，土壤含水量呈降低的趋势，轻度放牧、中度放牧、重度放牧的土壤含水量分别为禁牧样地的 87.47％、73.77％、64.56％（郭建英 等，2019）。

4.4.2 退牧还草对荒漠草原土壤养分的影响

土壤养分对退牧措施的响应受草原退化程度影响。围封禁牧提高了荒漠草原小针茅（*Stipa klemenzii*）群落土壤有机质和土壤全氮含量，但却显著降低了土壤速效氮和速效磷含量（李雅琼，2017）。在新疆天山北坡，经 2 年短期围封，中度和极度退化草地的土壤有机质含量升高，但土壤有效磷则呈下降趋势，可见不同退化程度草地对退牧还草的响应存在差异（范燕敏 等，2011）。

土壤养分对退牧的响应受封育年限影响。在不同封育年限（放牧、封育 2 年、封育 9 年）的新疆伊犁绢蒿（*Seriphidium kaschgaricum*）荒漠草原，随着封育时间的增长，植物碳和磷含量先降后增，氮含量为先增后降；封育对土壤有机碳含量影响不明显，全氮呈现增加趋势，全磷稍有下降，差异不显著（范燕敏 等，2011）。

土壤养分对退牧还草的响应受放牧制度影响。在锡林郭勒荒漠草原，浅层土壤（0～20 cm）有机质含量与土壤全氮变化趋势相同，即“围栏禁牧区＞划区轮牧区＞自由放牧区”（陈越，2013）。在短花针茅（*Stipa breviflora*）荒漠草原，退牧还草显著改变了土壤有机碳储量，变化趋势为“围栏禁牧区＜划区轮牧区＜自由放牧区”（胡向敏 等，2014）。在荒漠草原，轮牧和自由放牧区的土壤速效氮显著低于对照区，且在不同土层变化均一致，表明在荒漠草原，禁牧是增加土壤速效氮含量的有效措施，放牧则会加速土壤中的氮素的流失。在荒漠草原轮牧 9 年和禁牧 8 年后对 0～40 cm 土壤取样的结果显示，进行轮牧实验的土壤磷含量显著高于自由放牧和不放牧对照，相较于自由放牧，未放牧的对照样地土壤磷含量呈增高趋势，且随着土层的增加土壤磷含量逐渐增高（闫瑞瑞 等，2010）。

4.5　退牧还草对高寒草原土壤环境的影响

围栏禁牧能提高藏北高寒草甸草原的土壤含水量和土壤养分含量（总有机碳、全氮、碱解氮、速效磷和速效钾），且长期（＞5 年）围封效果要高于短期（＜5 年）的（张伟娜，2015）。以藏北那曲典型高山嵩草高寒草甸草原为例，3 年短期围封可以提升土壤有机碳含量，但围封对土壤有机氮和碱解氮含量却无明显影响（于宝政 等，2019）。在冬季自由放牧而夏季休牧及禁牧 7 年的高寒草原，围封禁牧提高了土壤保水、持水能力并增加了土壤有机质和有机碳，季节性放牧减小了土壤容重并将土壤全氮含量提高了 27.5%（图 4-2）。

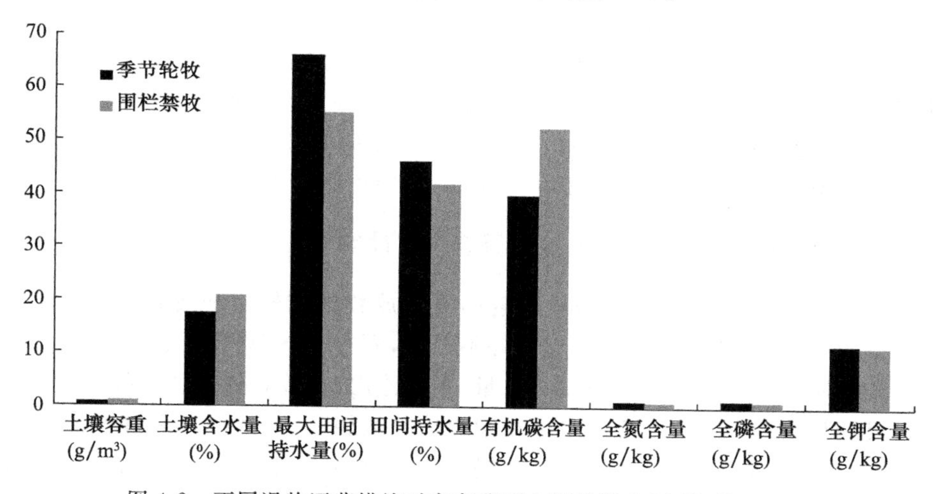

图 4-2　不同退牧还草措施对高寒草原土壤的影响（齐洋 等，2019）

4.5.1　退牧还草对高寒草原土壤物理性状的影响

不同退牧措施影响高寒草原不同土壤层的物理性状特征。在东祁连山高寒草甸草原，与传统夏季休牧相比，禁牧和全生长季休牧可改良 0～20 cm 土壤物理结构，降低土壤的紧实度，但对深层土壤影响较小。禁牧和全生长季休牧可不同程度地改善高寒草甸草原土壤的持水能力（李文 等，2015）。

围封有利于高寒草地土壤物理性状的改善，包括土壤容重和 pH 值的降低和土壤含水率的提高。围封对土壤容重、土壤含水率、土壤 pH 值的响应都是正向的，在围封 5 年、6～10 年、大于 10 年三种围封年限处理下，土壤容重在 3 个时间段分别降低了 5.23%、12.78%、7.96%，土壤 pH 值分别降低了 0.89%、2.89%、0.55%，土壤含水率分别增加了 31.27%、12.28%、32.76%（程雨婷，2020）。

4.5.2 退牧还草对高寒草原土壤微生物的影响

不同放牧强度对土壤微生物量碳氮含量的影响趋异，轻度放牧下 0～10 cm、10～20 cm 和 20～30 cm 土层微生物量氮含量分别增加 135.72%、25.23%、46.91%，中度放牧下 0～10 cm、10～20 cm 和 20～30 cm 土层微生物量碳含量分别增加 12.21%、25.40%和 26.44%（程雨婷，2020）。

禁牧使高寒草原植被覆盖度升高及土壤侵蚀的减少，促进了土壤养分的形成和酶活性的增强（白丽 等，2018）。甘肃天祝高寒草原的土壤酶活性在草地禁牧过程中逐渐增强（姚拓 等，2006），对青藏高原高寒草原的研究亦发现草地土壤酶活性随着禁牧年限的增加显著上升（张振超，2020）。

4.5.3 退牧还草对高寒草原土壤有机碳的影响

高寒草原土壤有机碳含量受不同放牧管理模式影响。不同放牧管理模式下各样地土壤有机碳含量均随土层深度的增加呈降低趋势。0～10 cm 土层，禁牧、全生长季休牧和传统夏季休牧土壤有机碳含量显著高于连续放牧，但全生长季休牧与禁牧和传统夏季休牧均无显著差异；10～20 cm 土层，土壤有机碳含量由高到低的顺序为：禁牧＞传统夏季休牧＞全生长季休牧＞连续放牧，其中禁牧、全生长季休牧、传统夏季休牧和连续放牧间均达显著差异；20～30 cm 土层，土壤有机碳含量禁牧显著高于全生长季休牧，传统夏季休牧和连续放牧，但全生长季休牧，传统夏季休牧和连续放牧间无显著差异。禁牧显著增加了 0～30 cm 土层土壤有机碳含量，全生长季休牧和传统夏季休牧显著增加了 0～20 cm 土层土壤有机碳含量（李文 等，2015）。

4.5.4 退牧还草对高寒草原土壤氮含量的影响

在肃北高寒草原，在表层 0～20 cm 土壤处，重度放牧处理较其他放牧处理显著提高了土壤速效氮含量，其他各放牧处理之间的差异并不显著，而在 20～30 cm 土层，轻度、中度和重度放牧处理均较对照显著提高了土壤速效氮含量，且不论层次，放牧处理均有提高土壤速效氮含量的趋势，这说明，放牧干扰在一定水平上加速土壤的氮循环，进而提高土壤的速效氮含量（杨红善 等，2009）。在玛曲高寒草甸，重度放牧提高了土壤铵态氮含量，其他各放牧处理对土壤的铵态氮含量的影响并不显著；另一方面，土壤硝态氮含量是随着放牧强度的增加出现了增加的趋势，而且轻度、中度和重度放牧均显著提高了土壤硝态氮含量（王向涛 等，2010）。不同的是，王长庭等（2008）在高寒草甸的研究发现，随着放牧强度的增加，土壤中的硝态氮和铵态氮含量逐步降低，且不同放牧处理间的差异显著。这种相悖情况这可能是由于三地的草地植被不同，对草地土壤的返还物出现一定差异，以及放牧强度的设置不同对草地造成的影响出现了差异。

4.5.5 退牧还草对高寒草原土壤磷含量的影响

在青藏高原短期放牧利用高寒草原，中度和轻度放牧处理下 0～10 cm 土壤全磷含量表现出了降低的趋势，重度放牧对土壤全磷含量的影响不明显（贾婷婷 等，2013），仅在 20～30 cm 层次出现了一定的变化。而有研究发现，高寒草原土壤全磷含量随着放牧强度的变化而变化，具体表现为，轻度放牧和中度放牧会增加土壤全磷含量，而重度放牧则会降低土壤的全磷含量，即适度放牧会在一定程度上提升土壤的全磷含量（王向涛 等，2010）。

4.5.6 退牧还草对高寒草原土壤碳氮磷比的影响

放牧强度对土壤碳氮比和氮磷比没有显著影响，却明显影响了碳磷比，轻度放牧下0～10 cm土壤碳磷比显著增加8.89%，中度放牧下20～30 cm土壤碳磷比显著增加6.09%。与长期放牧相比，围封10年后，0～10 cm土层土壤微生物量碳含量和微生物量氮含量分别显著增加68.53%和68.41%，有机碳和全氮含量无明显增加，20～30 cm有机碳和全氮含量有所降低。当放牧强度为中度及中度以下时(1.0牦牛单位/hm^2)，有利于青藏高原东北边缘高寒草甸土壤元素的正向积累，长期围封并不有利于土壤碳氮养分的积累(李世卿，2014)。

退牧还草并非总能提高高寒草原土壤养分含量(斯贵才 等，2015)，短期围封甚至可能会降低一些养分指标。在执行夏季休牧、冬季放牧政策6～8年后，与自由放牧相比，休牧对高寒草原的土壤机械组成、微团聚体和养分元素等无显著促进作用(高小源 等，2020)。青海高寒草甸轻度退化与围栏封育样地间的土壤养分含量，以及各层土壤碳/氮、碳/磷、氮/磷之间均无显著差异(尹亚丽 等，2019)。在藏北高寒草原，自由放牧与围封禁牧间的地上碳氮含量和根系碳氮含量无显著差异，但植物磷含量和根系磷含量则呈自由放牧样地高的趋势(鄢燕 等，2014)。在青藏高原，放牧草原土壤碳/磷、氮/磷显著高于围封草原，而土壤全磷含量显著低于围封草原，放牧草原和围封草原土壤有机碳、全氮含量及碳/氮无显著差异(许雪贇 等，2018)。短期围封(3年)使高寒退化草原的土壤全氮、全磷和速效磷含量略微降低，使速效氮、速效钾和有机质含量显著降低(王有彬，2017)。

土壤有机碳和全氮含量对放牧强度的响应表现出明显的分异特征，而放牧强度对全磷含量没有明显影响。轻度放牧使0～20 cm土层有机碳含量和全氮含量分别提高了1.02%～6.81%和1.65%～1.70%；重度放牧降低了土壤有机碳含量，但对全氮无明显影响(李世卿，2014)。土壤速效养分对放牧强度的响应也有一定的差异。中度放牧使0～10 cm土层硝态氮含量增加了17.94%；重度放牧降低了0～10 cm铵态氮含量，降幅为23.92%，降低了0～10 cm、10～20 cm和20～30 cm土层速效磷含量，降幅分别为28.74%、19.04%和29.45%(程雨婷，2020)。

总的来讲，围栏封育政策的实施促进了草原土壤环境质量的提升。围栏封育对草地土壤化学养分含量有一定的积极影响，围栏封育显著增加了土壤有机碳、全氮、全钾、全磷、速效氮、速效磷、速效钾的含量。其中，土壤有机碳和全氮增长幅度显著高于其他组分，对围封活动敏感性相对较大。围封对中牧草地土壤有机碳、土壤全氮、土壤全磷、土壤速效钾和速效磷含量均有显著增加效应。此外，围封前放牧牲畜的类型和不同封育方式也显著影响草地土壤特征对封育的响应；围封有助于提高草地土壤有机碳、全氮含量，降低土壤容重和pH。相比夏季放牧其他季节封育，全年封育更有助于增加土壤有机碳、速效氮、速效钾、速效磷含量和降低土壤容重。对于草甸草原，围封提高了植物有机碳、植物全氮、植物根系全磷含量、土壤有机质和土壤全氮含量，降低了植物全磷和植物根系有机碳含量；对于典型草原，围封提高了土壤含水量、土壤有机质、土壤全氮和全磷含量，降低了土壤pH值；对于沙化草原，围封提高了土壤含水量、土壤有机质、土壤有机碳、总磷、全氮、碳/氮、速效磷和速效钾含量，降低了土壤粗沙比例和土壤容重；对于荒漠草原，围封提高了土壤含水量、全氮含量、有机质含量和土壤pH值，降低了土壤碳储量、土壤速效氮和速效磷含量；对于高寒草原，围封提高了土壤含水量、总有机碳、全氮、碱解氮、速效磷和速效钾含量，降低了土壤容重。退牧对草原生态环境的影响在各类型草原上受不同因素调控。退牧对草甸草原的作用因土壤层深度而异，其中以表层土壤(0～

10 cm)对草原退牧最为敏感;退牧对典型草原的作用存在区域差异,大部分退牧草原土壤有机质含量均有增加,但在呼伦贝尔中部少数地区,土壤碳含量略有减少趋势;退牧对沙化草原土壤养分含量的提升作用随围封年限增加而增强;退牧对荒漠草原的影响因草地退化程度而异,草地退化程度的不同使得短期围栏封育对土壤养分恢复的效果除有效磷变化一致(降低)外,有机质、碱解氮、速效钾变化均不一致;退牧对高寒草原的作用受围封实施年限和退牧方式影响,长期围封效果优于短期围封,短期围封有时可能会降低一些土壤养分的含量,而退牧方式的差异又会影响不同土壤层的水分与养分特征。土壤微生物及酶活性在草地禁牧过程中随围封年限增多逐渐增强。伴随着禁牧带来的草原植被覆盖度升高及土壤侵蚀的减少,更多的枯落物和根系增加了土壤中有机质的输入,使土壤结构得到改善,促进了土壤微生物的生长和繁殖,促进了土壤养分的形成和酶活性的增强。

参考文献

敖伊敏,2012. 不同围封年限下典型草原土壤生态化学计量特征研究[D]. 呼和浩特:内蒙古师范大学.

白丽,范席德,王洁莹,赵发珠,薛科社,2018. 黄土高原草地次生演替过程中微生物群落对植物群落的响应[J]. 生态环境学报,27(10):23-30.

陈越,2013. 不同放牧制度对短花针茅草原群落特征和土壤的影响[D]. 呼和浩特:内蒙古农业大学.

程雨婷,2020. 围栏封育后我国草地植被与土壤恢复的 Meta 分析研究[D]. 上海:华东师范大学.

丁小慧,宫立,王东波,伍星,刘国华,2012. 放牧对呼伦贝尔草地植物和土壤生态化学计量学特征的影响[J]. 生态学报,32(15):4722-4730.

范燕敏,武红旗,靳瑰丽,古丽拜克热木,努尔比牙,2011. 封育对荒漠退化草地土壤主要养分的影响初探[J]. 草业科学,28 (08):1416-1419.

高小源,鲁旭阳,2020. 休牧对西藏高寒草原和高寒草甸植被与土壤特征的影响[J]. 草业科学,37 (03):486-496.

高英志,韩兴国,汪诗平,2004. 放牧对草原土壤的影响[J]. 生态学报,4:790-797.

郭建英,董智,李锦荣,王合云,刘铁军,2019. 放牧强度对荒漠草原土壤物理性质及其侵蚀产沙的影响[J]. 中国草地学报,41(3):74-82.

何贵永,孙浩智,史小明,齐威,杜国祯,2015. 青藏高原高寒湿地不同季节土壤理化性质对放牧模式的响应[J]. 草业学报,24(4):12-20.

红梅,韩国栋,赵萌莉,索培芬,潘林瑞,2004. 放牧强度对浑善达克沙地土壤物理性质的影响[J]. 草业科学,21(12):108-111.

胡向敏,侯向阳,陈海军,丁勇,运向军,武自念,2014. 不同放牧制度下短花针茅荒漠草原土壤碳储量动态[J]. 草业科学,31(12):2205-2211.

纪翔,2019. 退牧还草政策影响下呼伦贝尔草地土壤有机碳变化[D]. 喀什:喀什大学.

贾婷婷,袁晓霞,赵洪,杨玉婷,罗开嘉,郭正刚,2013. 放牧对高寒草甸优势植物和土壤氮磷含量的影响[J]. 中国草地学报,35(6):80-85.

李世卿,2014. 青藏高原东北边缘地区高寒草甸土壤养分特征对放牧利用的响应[D]. 兰州:兰州大学.

李文,曹文侠,徐长林,师尚礼,李小龙,张小娇,刘皓栋,2015. 不同休牧模式对高寒草甸草原土壤特征及地下生物量的影响[J]. 草地学报(2):53-58.

李雅琼,2017. 围封禁牧对小针茅草原群落和土壤的影响[D]. 呼和浩特:内蒙古大学.

李耀,卫智军,刘红梅,吴艳玲,2010. 不同放牧制度对典型草原土壤中全磷和速效磷的影响[J]. 草原与草业，22(1)：4-6.

刘美丽，2016. 呼伦贝尔羊草草甸草原围封草地不同利用模式下群落特征、土壤特性研究[D]. 呼和浩特：内蒙古师范大学.

刘楠，张英俊，2010. 放牧对典型草原土壤有机碳及全氮的影响[J]. 草业科学，27(4)：11-14.

齐洋，姜群鸥，郭建斌，张学霞，2019. 季节性放牧对甘南高寒草地植被和土壤理化性质的影响[J]. 草地学报，27(2)：306-314.

单贵莲，徐柱，宁发，马玉宝，李临杭，2008. 围封年限对典型草原群落结构及物种多样性的影响[J]. 草业学报，17(06)：1-8.

斯贵才，袁艳丽，王建，王光鹏，雷天柱，张更新，2015. 围封对当雄县高寒草原土壤微生物和酶活性的影响[J]. 草业科学，32(1)：1-10.

宋向阳，卫智军，郑淑华，李兰花，常书娟，杨勇，刘爱军，2018. 不同干扰方式对呼伦贝尔典型草原生态系统特征的影响[J]. 生态环境学报，27(8)：1405-1410.

孙宗玖，朱进忠，张鲜花，郑伟，靳瑰丽，古伟容，2013. 短期放牧强度对昭苏草甸草原土壤全量氮磷钾的影响[J]. 草地学报，21(5)：895-901.

王长庭，王启兰，景增春，冯秉福，杜岩功，龙瑞军，曹广民，2008. 不同放牧梯度下高寒小嵩草草甸植被根系和土壤理化特征的变化[J]. 草业学报，(5)：9-15.

王明君，韩国栋，赵萌莉，陈海军，王珍，郝晓莉，薄涛，2007. 草甸草原不同放牧强度对土壤有机碳含量的影响[J]. 草业科学，(10)：6-10.

王明君，赵萌莉，崔国文，韩国栋，2010. 放牧对草甸草原植被和土壤的影响[J]. 草地学报，18(06)：758-762.

王启兰，曹广民，王长庭，2007. 放牧对小嵩草草甸土壤酶活性及土壤环境因素的影响[J]. 植物营养与肥料学报(5)：856-864.

王向涛，张世虎，陈懂懂，谈嫣蓉，孙大帅，杜国祯，2010. 不同放牧强度下高寒草甸植被特征和土壤养分变化研究[J]. 草地学报，18(4)：510-516.

王有彬，2017. 短期围栏封育对退化高寒草原植被数量特征及土壤养分的影响[J]. 青海草业，26(4)：14-17.

王玉辉，何兴元，周广胜，2002. 放牧强度对羊草草原的影响[J]. 草地学报，10(1)：45-49.

吴建国，艾丽，朱高，田自强，苌伟，2007. 祁连山北坡云杉林和草甸土壤有机碳矿化及其影响因素[J]. 草地学报(1)：20-28.

熊好琴，段金跃，王妍，张新时，2012. 围栏禁牧对毛乌素沙地土壤理化特征的影响[J]. 干旱区资源与环境，26 (03)：152-157.

许雪赟，曹建军，杨淋，杨书荣，龚毅帆，李梦天，2018. 放牧与围封对青藏高原草原土壤和植物叶片化学计量学特征的影响[J]. 生态学杂志，37(5)：1349-1355.

鄢燕，马星星，鲁旭阳，2014. 人为干扰对藏北高寒草原群落生物量及其碳氮磷含量特征的影响[J]. 山地学报，32(4)：460-466.

闫瑞瑞，卫智军，辛晓平，乌仁其其格，2010. 放牧制度对荒漠草原生态系统土壤养分状况的影响[J]. 生态学报，30(1)：43-51.

杨红善，那·巴特尔，周学辉，苗小林，苏晓春，常根柱，2009. 不同放牧强度对肃北高寒草原土壤肥力的影响[J]. 水土保持学报，23(1)：150-153.

杨树晶，唐祯勇，赵磊，如学，2019. 放牧强度对川西北高寒草甸土壤理化性质的影响[J]. 草学(1)：57-61.

姚拓，龙瑞军，2006. 天祝高寒草地不同扰动生境土壤三大类微生物数量动态研究[J]. 草业学报，15(2)：93-99.

尹亚丽，王玉琴，李世雄，刘燕，赵文，马玉寿，鲍根生，2019. 围封对退化高寒草甸土壤微生物群落多样性及土壤化学计量特征的影响[J]. 应用生态学报，30(1)：127-136.

于宝政，彭岳林，屈兴乐，2019. 短期围封对高寒草甸土壤有机碳及主要养分含量的影响[J]. 西南农业学报，

32 (5)：1074-1078.

俞鸿千，2014. 不同轮牧方式对荒漠草原土壤理化性状和碳平衡的影响[D]. 银川：宁夏大学.

张静妮，赖欣，李刚，赵建宁，张永生，杨殿林，2010. 贝加尔针茅草原植物多样性及土壤养分对放牧干扰的响应[J]. 草地学报，18(2)：177-182.

张伟娜，2015. 不同年限禁牧对藏北高寒草甸植被及土壤特征的影响[D]. 北京：中国农业科学院.

张振超，2020. 青藏高原典型高寒草地地上-地下的退化过程和禁牧恢复效果研究[D]. 北京：北京林业大学.

赵丽娅，张晓雨，熊炳桥，张劲，2017. 围封和放牧对科尔沁沙质草地植被和土壤的影响[J]. 生态环境学报，26(6)：971-977.

赵如梦，2019. 围栏封育对内蒙古草原生态系统化学计量特征的影响[D]. 杨凌：西北农林科技大学.

赵帅，2011. 放牧与围封对呼伦贝尔针茅草原土壤微生物多样性的影响[D]. 北京：中国农业科学院.

Lopez-Angulo J, Pescador D S, Sanchez A M, Luzuriaga A L, Cavieres L A, Escudero A, 2020. Impacts of climate, soil and biotic interactions on the interplay of the different facets of alpine plant diversity [J]. Science of the Total Environment, 698: 133960.

第5章　退牧还草工程对草原植物多样性的影响

生态系统功能水平的发挥依赖于生物多样性(Risser, 1995; Grime, 1997)。物种组成和群落结构是生物多样性的两个重要维度,生产力是生态系统功能的最主要体现形式。多数研究表明,短期封育可有效提高草地植被盖度、多样性和生物量(Qiu et al., 2013; Jing et al., 2014)。然而,也有研究显示长期封育可能会降低生物多样性和生产力,削弱草地固碳能力,影响生态系统功能的恢复及可持续发展(Hu et al., 2016; Deng et al., 2017)。上述研究结果的差异多源于草原封育实验研究地点或恢复时长的不同,因此,有必要针对不同草原类型及工程实施区域系统总结退牧还草工程对草原植物多样性的影响,为草原生态系统多样性保护与植被恢复提供科学基础。

5.1　退牧还草对草甸草原植物多样性的影响

草甸草原是气候适宜条件下以多年生丛生禾草及根茎性禾草为优势组成的草原植被,是疏林草原与干草原间的过渡类型。草甸草原主要分布于平坦洼地和北向坡地上,如内蒙古东北部森林草原带下部,东北北部冲积平原、坡地、河谷低地和丘陵地的淡黑钙土、黑钙土和草甸土地区均有分布,是中国主要的天然优良割草场。

5.1.1　退牧还草对物种组成的影响

短期围封对物种丰富度的影响因草地退化程度而异。以青藏高原高寒草甸草原为例,实施短期1年禁牧后,轻度退化草甸草原物种丰富度降低了26%。中度退化草甸草原物种丰富度增加了87.5%。重度退化草甸草原物种丰富度增加了12%。极重度退化草甸草原物种丰富度增加了43%(李媛媛 等,2012;张振超,2020)。

围栏禁牧对物种组成的影响因草甸类型而异。山地草甸围禁提高了物种总数和优良牧草的种数,减少了杂草种数(殷振华 等,2008)。山地草甸封育第3年,轻度退化封育区有27个植物种,比对照增加了12种。中度退化和重度退化封育区分别出现33个植物种,分别比对照增加了13种、18种。在轻度退化封育区优良牧草增多数量占植物种总数的18.5%,在中度退化封育区占植物种总数的27.3%,在重度退化封育区占植物种总数的33.3%。有害或无益植物种比率降低或在群落中消失。

高寒草甸围栏禁牧提高了优良牧草的物种数,减少了杂草物种数(杨军 等,2020)。在轻度退化地区围封禁牧,优良牧草比例提高4.17%,莎草物种数提高3.62%,禾草物种数提高5.07%,杂草物种数降低8.69%;在中度退化地区围封禁牧,优良牧草比例提高7.28%,莎草物种数提高4.78%,禾草物种数提高7.09%,杂草物种数降低11.96%;在重度退化地区围封禁牧,优良牧草比例提高3.76%,莎草物种数提高28.15%,禾草物种数提高1.6%,杂草物种数降低3.66%。

总之，在山地草甸和高寒草甸围栏禁牧有效提高了优良牧草的物种数，减少了杂草物种数。物种数增加的变化率受草地退化程度和草地类型影响，山地草甸的优良牧草增加比例大于高寒草甸。在山地草甸，随退化程度增加，围栏禁牧效果显著增加；在高寒草甸，中度退化草地物种增加最为明显。

5.1.2 退牧还草对群落结构的影响

围栏禁牧对草甸草原植物群落结构的影响受围封区域影响。内蒙古鄂温克草甸草原、额尔古纳草甸草原、黑龙江齐齐哈尔草甸草原及青藏高原高寒草甸草原在围栏封育后植被覆盖度和高度大部分都有较明显增加（高树文 等，2012；殷振华 等，2008），但青藏高原高寒草甸实施围栏禁牧后物种的丰富度和密度呈现下降趋势（王多斌，2019）。内蒙古鄂温克草甸草原实施围栏封育后，植被盖度增加了 55.38%，平均植物高度增加 9.56 cm。在黑龙江齐齐哈尔草甸草原封育区，覆盖度平均增加 63.06%，高度平均增加 11.83 cm。青藏高原高寒草甸围封使植被覆盖度增加了 30.06%，群落物种丰富度和密度分别降低了 17.31%和 20.57%（赵如梦，2019）。

休牧增加了草甸草原植物的高度和盖度，但对植物密度的影响因区域而异。新疆昭苏草甸草原 9—10 月休牧后，高度、盖度、密度依次增加了 49%、24%、50%；10—11 月休牧后，植被高度和盖度增幅依次为 171%和 26%（孙宗玖 等，2014）。青海省祁连山高寒草甸休牧 4 年后，草地植被盖度提高了 35%，优势种牧草垂穗披碱草（*Elymus nutans*）高度提高了 7 倍（秦金平 等，2020）。甘肃高寒草甸休牧后地上植物群落盖度增加了 30.06%（刘玉祯 等，2019）。植被密度变化受休牧的区域影响，新疆昭苏草甸草原休牧后植物密度增加了 57%，甘肃高寒草甸植物密度降低了 20.57%（卡斯达尔·努尔旦别克 等，2016；刘玉祯 等，2019）。

青海省祁连山青藏高原高寒草甸在休牧第 4 年和第 5 年时草地总盖度均为最高值 10%，较未休牧增加了 35%。在返青期休牧第 4 年时，垂穗披碱草（*E. nutans*）株高达到较高为 65.94 cm，显著高于未休牧和休牧第 5 年时的株高，较未休牧草地增加了 7 倍（李文 等，2015）。

5.1.3 退牧还草对植物生产力的影响

围栏禁牧对草甸草原植物生产力的影响存在区域差异。内蒙古鄂温克草甸草原、额尔古纳草甸草原、黑龙江齐齐哈尔草甸草原在围栏封育后产草量有较明显增加，黑龙江齐齐哈尔草甸草原封育区产草量平均增加 302.5 kg/hm^2（殷振华 等，2008；高树文 等，2012）。而在青藏高原高寒草甸，围封禁牧对地下生物量的影响并不明显（赵如梦，2019）。

休牧增加了草甸草原植物的生物量。新疆昭苏草甸草原 9—10 月休牧后植被总生物量增加了 129.5%，10—11 月休牧后生物量增加了 299%（孙宗玖 等，2014）。青海省高寒草甸休牧后，地上生物量提高了 50.49%（卡斯达尔·努尔旦别克 等，2016）。青海省祁连山高寒草甸休牧 4 年后，地上生物量提高了 11 倍，地下生物量提高了 2 倍（秦金平 等，2020）。

藏北退化高寒草甸、青海省祁连山青藏高原高寒草甸实施退牧还草工程以来，草甸草原围栏禁牧 5～7 年植被恢复较好，禁牧时间过长会导致植被恢复变缓慢，甚至出现生长受抑制现象（张伟娜 等，2013），因此，草甸草原休牧 4～5 年的植被恢复效果较好（秦金平 等，2020）。藏北退化高寒草甸短期、中长期及长期禁牧使地上生物量分别提高 70%、53%与 43%。在休牧第 5 年时，草地的地上生物量和地下生物量达到较高，分别为 90.41 g/m^2 和 12340.65 g/m^2，地上生物量和地下生物量在休牧第 5 年时增加了 11 倍和 2 倍，返青期休牧第 4 年、第 5 年时地上生物量差异不显著(李文 等,2015)。

短期禁牧可有效增加草甸草原地上和地下生物量(李媛媛 等,2012;张振超,2020)。青藏高原高寒草甸草原实施短期 1 年禁牧后,轻度退化草地地上生物量增加 150%,地下生物量增加 6.4 倍;中度退化草地地上生物量增加 4 倍,地下生物量增加 131 倍;重度退化草地地上生物量增加 97%,地下生物量增加 51 倍;极重度退化草地地上生物量增加 7 倍,地下生物量增加 83 倍。在黄河源区退化高寒草地,围封使轻度退化草地生物量增加了 11.8%;中度退化草地生物量增加了 2.7%;重度退化草地生物量增加了 42.5%;极重度退化草地生物量增加了 76.2%。

总而言之,退牧还草工程会增加草甸草原植被的盖度、高度和产量。植被密度受禁牧方式影响,禁牧会降低植被密度,休牧有时可增加植被密度,有时可减少植被密度。对草甸草原而言,禁牧 5～7 年植被恢复较好,休牧 4～5 年植被恢复较好。禁牧对植被丰富度的影响会受到草地退化程度的影响,轻度退化草地围封禁牧 1 年会降低植物多样性,重度退化草地围封 1 年未改变物种丰富度。对植物物种的影响受草甸类型影响,围栏禁牧有效提高了优良牧草的物种数,减少了杂草物种数。

5.2 退牧还草对典型草原植物多样性的影响

典型草原地区多属温带半干旱大陆性气候,降水量约 250～450 mm,主要由针茅(*Stipa capillata*)、羊草(*Leymus chinensis*)、隐子草(*Cleistogenes serotina*)等禾草,伴生中旱生杂草、灌木及半灌木组成,草丛高 30～50 cm。我国典型草原主要分布在呼伦贝尔高原西部、锡林郭勒高原大部及鄂尔多斯高原东部等地。

5.2.1 退牧还草对物种组成的影响

内蒙古锡林郭勒盟南部重度退化典型草原经 25 年禁牧,多年生禾草的盖度、密度先增加,围封 14 年达到最高,随后降低,多年生杂类草在围封第 14 年降至最低,随后增加;禁牧前 5 年群落的物种数持续增加,到第 14 年达到最大,增加 53.33%,并形成以羊草(*Leymus chinensis*)为单优势种的群落,此后物种数略微降低,羊草(*L. chinensis*)优势下降(单贵莲 等,2008)。宁夏固原市东北部典型草原经 25 年禁牧,群落物种数在第 15 年达到最高,增加约 50%,物种均匀程度持续降低,经禁牧 15 年形成以本氏针茅(*Stipa bungeana*)为单优种的群落(贾晓妮 等,2008)。内蒙古白音锡勒牧场中度和重度退化典型草原经 26 年禁牧,大针茅(*Stipa grandis*)逐渐占优势地位,一年生草本逐渐退出;物种数在第 26 年达最大,增加了 56.78%(闫玉春 等,2007)。

内蒙古新巴尔虎右旗境内中度退化典型草原经 3 年春季休牧(放牧期草畜平衡),灌木及半灌木、多年生禾草及植物种数提高约 30%,多年生杂类草的物种数下降约 75%(杨勇 等,2016)。内蒙古锡林浩特市朝克乌拉苏木典型草原经 5 年休牧后,物种数呈春季放牧>冬季放牧>夏季或秋季放牧(白正,2020)。内蒙古锡林浩特市毛登牧场典型草原经休牧,物种数呈夏末秋初放牧>秋季放牧>夏季放牧(郝匕台,2019)。

锡林郭勒盟白音锡勒牧场经不同强度(轻、中、重度放牧强度分别为 1.5 只羊/hm^2、4.5 只羊/hm^2、7.5 只羊/hm^2)放牧,草原植物多样性随着放牧强度的增加而持续下降,物种数分别降低了 18%、53%、57%;适口性牧草在轻度放牧区就已经被大量采食,随放牧强度的增加进一步减少(杨婧,2013)。锡林浩特市朝克乌拉苏木经不同强度(轻、中、重度和极重度放牧强度分别为4只羊/hm^2、8只羊/hm^2、12只羊/hm^2和16只羊/hm^2)放牧,物种数在中度放牧最高,增幅12%,禁牧与极重度放牧物种数相近(张娜,2020)。

5.2.2 退牧还草对群落结构的影响

内蒙古锡林郭勒盟南部重度退化典型草原群落植株高度在整个禁牧期持续增加,第25年增加了394.90%;植被盖度和密度先增加后降低,在14年时达最大,增加了37.14%(单贵莲 等,2008)。宁夏固原市东北部典型草原群落盖度在整个禁牧期持续增加,第25年时增加了22%,群落高度在第10年达最大,增加了294.11%,随后略微下降(贾晓妮 等,2008)。内蒙古白音锡勒牧场中度和重度退化典型草原经26年禁牧,群落高度和盖度在第7年达到最大(调查年份为第2年、第7年和第26年,则第7年未必达到真实最大值),分别增加了300%和108.11%,随后略微降低(闫玉春 等,2007)。

内蒙古锡林浩特市朝克乌拉苏木典型草原经5年休牧后,群落高度在各季节放牧地间差异不大,都显著小于禁牧地(约25%);植株密度略大于禁牧地(约10%)(白正,2020)。内蒙古锡林浩特市毛登牧场典型草原经休牧,植株密度呈夏季放牧>秋季放牧>夏末秋初放牧;群落盖度呈夏季放牧>秋季放牧和夏末秋初放牧(郝匕台,2019)。

锡林浩特市朝克乌拉苏木经不同强度(轻、中、重度和极重度放牧强度分别为4只羊/hm^2、8只羊/hm^2、12只羊/hm^2和16只羊/hm^2)放牧,群落高度和盖度随放牧强度增加呈线性下降趋势,下降幅度分别约为90%和40%(张娜,2020)。

5.2.3 退牧还草对植物生产力的影响

内蒙古锡林郭勒盟南部重度退化典型草原群落地上生物量在整个禁牧期持续增加,第25年增加了217.23%(单贵莲 等,2008)。宁夏固原市东北部典型草原群落地上生物量在第10年达最大,增加了157.14%,随后略微下降(贾晓妮 等,2008)。内蒙古白音锡勒牧场中度和重度退化典型草原经26年禁牧,群落地上生物量在第7年达到最大,增加了1620%,随后略微降低(闫玉春 等,2007)。

内蒙古新巴尔虎右旗境内中度退化典型草原经3年春季休牧(放牧期草畜平衡)后,草原生物量增加了149%(杨勇 等,2016)。内蒙古锡林浩特市朝克乌拉苏木典型草原经5年休牧,群落地上生物量呈禁牧>夏季放牧>冬季放牧>春季放牧>秋季放牧(白正,2020)。

锡林郭勒盟白音锡勒牧场经不同强度(轻、中、重度放牧强度分别为1.5只羊/hm^2、4.5只羊/hm^2、7.5只羊/hm^2)放牧,草原地上生物量随放牧强度的增加依次约为200 g/m^2、250 g/m^2和210 g/m^2(杨婧,2013)。锡林浩特市朝克乌拉苏木经不同强度(轻、中、重度和极重度放牧强度分别为4只羊/hm^2、8只羊/hm^2、12只羊/hm^2和16只羊/hm^2)放牧,地上生物量随放牧强度增加呈线性下降趋势,下降幅度分别约为90%(张娜,2020)。

总体来看,对我国北方各退化程度典型草原,禁牧时期植物种数会先增加约40%,再逐渐减少;前期群落盖度、高度和生物量会分别增加约53%、220%和400%,随后略微减小或趋于稳定;适口性牧草明显增加,杂草大量减少。综合考虑群落结构、产量及物种多样性,可判定10~15年是较适宜的禁牧年限。

休牧对典型草原植物多样性、牧草质量和草原产量均有明显的提高。休牧措施对群落植物多样性和产量的影响结果不一致,可升高或降低,可能与放牧强度和休牧年限等因素有关。

对于休牧季节，其影响方向具有大致规律：春季放牧有利于或不致损害物种多样性，但明显降低次年牧草产量；夏季放牧会降低物种多样性，可增加或不影响次年牧草产量；秋季放牧对植物多样性和牧草产量都有一些不利影响；冬季对二者影响均不大。具体放牧季节应根据草原退化程度、植物多样性及生产目标判定。

对于不同的典型草原，随放牧强度的增加，草原初级生产力和生物多样性会持续降低或先增加再减小，适度放牧会增加或较小损坏草原初级生产力和生物多样性，过度放牧必然会使二者均降低，不利于草原可持续利用。每公顷4～7只羊通常可作为中度放牧强度，具体强度要依据特定草原退化程度、草原恢复能力和生产目标等因素确定。

5.3 退牧还草对荒漠化草原植物多样性的影响

荒漠化草原分布于草原向荒漠过渡的地带，以旱生型丛生小禾草占优势，并伴生有大量强旱生小半灌木和小灌木的植被类型，为温带草原中较为干旱、种类组成简单、初级生产力较低的一类。荒漠化草原是我国草原区重要类型之一，同时也是我国牧区重要的生产力和牧民生活的经济来源，是社会经济的重要组成部分。研究退牧还草工程对荒漠化草原植物多样性的影响对其保护和恢复并藉以构建我国生态屏障具有重要的意义。

5.3.1 退牧还草对物种组成的影响

禁牧时间影响荒漠化草原植物的组成。短期禁牧围封增加物种数，内蒙古锡林郭勒荒漠化草原在禁牧围封的第2年，科、属、种分别增加11%、36.3%、17.6%，并以属的增加幅度最大（李雅琼，2017）；内蒙古二连浩特荒漠化草原围封1年后，科、属、种分别增加28.6%、37.5%、22.2%，围封禁牧1～3年，可促进多年生草本物种数的增加（索晓璐，2019）。随禁牧围封时间的增加优势种的盖度和密度呈先升后降再升的波动变化，新疆伊犁绢蒿（*Seriphidium transiliense*）荒漠化草原禁牧1年后灌木优势种增加41%，禁牧4年后增加30%，禁牧11年后增加60%，但一年生和多年生草本在禁牧4年后物种数减少（董乙强 等，2018）；内蒙古二连浩特荒漠化草原禁牧9年后，科、属、种分别增长了14.28%、50%、33.33%，属的增加幅度最大，并且多年围封使灌木类地上芽植物增加，灌木占比增加52%，多年生草本占比下降48%，加重了草地的灌丛化（索晓璐，2019）。

放牧降低优势种的相对密度。在内蒙古乌兰察布和乌拉特荒漠化草原，放牧降低优势种相对密度，但增加非优势种的相对密度，并且优势种的相对密度表现出随着放牧强度增大而递增的趋势，而非优势种的相对密度则表现为相反的趋势（张睿洋，2018；赵生龙 等，2020）。

5.3.2 退牧还草对群落结构的影响

禁牧增加群落内植株高度及植被盖度，利于草地植被的恢复。在新疆富蕴县荒漠化草原，禁牧2年植株平均高度增加22.7%，植被盖度增加5%（雷志刚 等，2011）；内蒙古乌拉特后旗温性荒漠化草原在围封一年后草地平均高度增加16%，平均盖度增加4%，围封四年草地平均高度增加20%，平均盖度增加12.5%，围封五年草地平均高度增加32%，平均盖度增加18.2%（乌日娜，2013）；阿拉善荒漠草地禁牧4年后，植物平均高度增加495%，草地植被覆盖度提高97%（塔拉腾 等，2008），内蒙古阿拉善右旗温性荒漠化草原退牧10年后，草地灌木高度由130 cm提升到164 cm，草地平均盖度由不足10%提升到32%（格日勒 等，2012）。

植株密度随禁牧时间呈先升高再降低后升高的波动变化。内蒙古锡林郭勒荒漠化草原植株密度在禁牧初期(第 2 年)增加,前期(3～4 年)迅速减少,中后期(5～7 年)升高,其中多年生丛生禾草密度变化与群落总密度变化趋势相同,禾本科(Poaceae)、菊科(Compositae)表现下降趋势,藜科(Chenopodiaceae)无明显变化(李雅琼,2017);新疆伊犁绢蒿(*S. transiliense*)荒漠草地植株密度的最高值出现在禁牧 4 年,为 484.5%,与禁牧 1 年的 54.8%、和禁牧 11 年的差异明显,禁牧 11 年的植株密度最低(董乙强 等,2018);内蒙古二连浩特荒漠化草原植株密度随禁牧时间表现出同样的先升再降最后升的变化趋势(索晓璐,2019)。

放牧降低种群密度和群落盖度。内蒙古乌兰察布和乌拉特荒漠化草原均表现为放牧降低种群密度和群落盖度,植物群落相对密度均随放牧强度增加而降低,群落盖度随放牧强度增加而降低(张睿洋,2018;赵生龙 等,2020)。

5.3.3 退牧还草对植物生产力的影响

禁牧增加群落总生物量,利于草地植被的恢复。内蒙古乌拉特后旗温性荒漠化草原围封 1 年,草地生物量增加 12%,围封 4 年增加 47%,围封五年增加 67.7%(乌日娜,2013);在诺尔盖沙化草原,禁牧 6 年,地上与地下生物量分别增加 12.4%和 18.6%(陈冬明 等,2016)。

不同类型植物地上生物量受禁牧时间影响,禁牧时间过长不利于禾本科(Poaceae)植物生物量的增加,但有利于藜科(Chenopodiaceae)植物生物量的增加(索晓璐,2019)。内蒙古二连浩特荒漠化草原群落地上生物量随禁牧时间呈现波动增长的变化趋势,其中多年生丛生禾草在围封当年就能占据优势地位,但在围封 5 年之后呈下降趋势;禾本科植物在围封当年地上生物量居优势地位,在围封第 6 年开始下降;在围封 9 年后,藜科植物地上生物量最多。

禁牧增加产草量。新疆富蕴县荒漠化草原禁牧 3 年后亩产干草增加 36.6%(雷志刚 等,2011);阿拉善荒漠化草原禁牧 4 年后干草产量提高了 34.7%(塔拉腾 等,2008);内蒙古阿拉善右旗温性荒漠化草原退牧 10 年后草地产量由 105～120 kg/hm^2 提升到 375 kg/hm^2(格日勒 等,2012)。

放牧降低生产力和生物量。内蒙古乌兰察布和乌拉特荒漠化草原地上净初级生产力随放牧强度增大而下降,其中地下累积生物量减少尤为显著(张睿洋,2018;赵生龙 等,2020)。

总之,围封禁牧增加物种数,且以属的增加幅度最大,提高植被高度、盖度、总生物量及产草量。

5.4 退牧还草对高寒草原植物多样性的影响

高寒草原为草原群落的一种植被类型,分布在高山和高原的半干旱地带,以寒性旱生型多年生草本或小半灌木占优势。

5.4.1 退牧还草对物种组成的影响

轻牧有利于增加群落物种数。青海湖北岸天然高寒草原禁牧草地的植物组成为 8 种,而春季放牧草地的植物组成为 18 种,轻牧相比禁牧物种数增加了 125%(王小利 等,2005)。川西北亚高山高寒草原冬春放牧比禁牧 4 年的群落物种数降低了 18.2%(石福孙 等,2007)。长期禁牧会降低群落物种数。海北高寒草甸草原短期禁牧(2～4 年)对物种组成没有显著影响,长期禁牧(11 年)物种数降低了 25.3%(张建胜,2020)。

5.4.2 退牧还草对群落结构的影响

短期禁牧增加了植被高度和盖度。青海湖北岸天然高寒草原禁牧1年平均盖度增加7.4%，短期围栏封育促进草地莎草科(Cyperaceae)和禾本科(Poaceae)植物比例增加，杂类草比例下降(王小利 等,2005;李媛媛 等,2012)。黄河源区退化高寒草地短期禁牧(1年)植被高度和盖度明显增加(李媛媛 等,2012)，川西北亚高山高寒草原围栏禁牧4年后，各物种高度增加较明显，其中优势种羊茅(*Festuca ovina*)和发草(*Deschampsia cespitosa*)分别增加了4.1倍和2.8倍，围栏草地物种平均高度增加19.8%；围栏草地内，杂草类的盖度(98%)大于禾草类的盖度(14%)；在放牧草地，杂草类的盖度(53%)小于禾草类的盖度(56%)，但优势种的盖度在禁牧4年后由38%下降至2%(石福孙 等,2007)。退化高寒草地禁牧3年后，植物平均高度增加，其中优势种(禾本科和莎草科)植物高度显著增加，伴生种植物(豆科(Leguminosae)和毒杂草类)的平均高度显著降低(王有彬,2017)。高寒草甸植被草地返青期休牧后牧草高度、群落盖度分别提高了165%和4%(马玉寿 等,2017)。巴音布鲁克高寒草原围封1年后围栏内植物盖度增加了7.1%(买寅生,2016)。

青藏高原高寒草原长期禁牧降低了禾草、豆科以及杂类草的高度。短期禁牧显著提高了禾草、豆科以及杂草的高度。常见物种的盖度在短期禁牧下无显著变化，但长期禁牧使常见物种的盖度从50.8%降至34.7%，常见物种的盖度随禁牧时间的增加而降低。对于稀有物种而言，短期和长期的禁牧处理均显著增加了其盖度(张建胜,2020)。

5.4.3 退牧还草对植物生产力的影响

围栏增加了草地总生物量和地上生物量，但对地下生物量的影响不显著。连续4年围栏禁牧促进了草地生物量增加，围栏草地的地上生物量为273 g/m²，是放牧草地的148%，围栏草地0～30 cm土层根系生物量为802 g/m²，是放牧草地的117%，地上部分生物量比根系生物量增加更明显(石福孙 等,2007)。禁牧极显著增加了0～10 cm土层根系生物量，而传统夏季休牧草地10～20 cm土层的根系生物量显著高于禁牧与全生长季休牧，短期禁牧和全生长季休牧是提升青藏高原高寒草甸生产力的重要措施之一(李文 等,2015)。巴音布鲁克高寒草原围栏封育1年后植物生物量由3.36 g/m²增加到7.75 g/m²(买寅生,2016)。返青期休牧时，高寒草甸植被草地的牧草地上总生物量相对于放牧草地提高了77%(马玉寿 等,2017)。

随围封年限增加植物生物量先减少后增加。在藏北高寒草原，自由放牧、围封4年和围封8年的群落地上生物量分别为46.12 g/m²、146.40 g/m²和256.44 g/m²。0～15 cm土层根系生物量分别为274.74 g/m²、214.87 g/m²和764.59 g/m²，15～30 cm土层根系生物量分别为17.80 g/m²、17.56 g/m²和31.64 g/m²。围封显著促进了植被群落的增长，并且随着围封年限的增长生物量累积更为明显(洪江涛 等,2015)。

禁牧3年、禁牧5年、禁牧7年、休牧5年和自由放牧样地地上生物量分别为56.2 g/m²、84.2 g/m²、65.9 g/m²、49.7 g/m²和41.84 g/m²。禁牧5年地上生物量最高，较自由放牧样地增加了101.24%。禁牧3年、禁牧5年、禁牧7年、休牧5年和自由放牧样地地下生物量分别为189.12 g/m²、147.42 g/m²、246.93 g/m²、225.73 g/m²和258.80 g/m²，自由放牧样地的地下生物量最高。即禁牧前5年地下生物量呈负增长，禁牧5年后开始增加；在藏北地区，禁牧5年不仅可维持较高的物种多样性，还能明显提高高寒草甸可利用生物量，但禁牧5年以上将不利于维持较高的物种多样性和草地可利用生物量(张伟娜 等,2013)。总之，在高寒草原，轻牧有利于增加群落物种数,禁牧有利于增加植被高度、盖度和生物量,禁牧5年可维持较高的物种多样性。

概言之,退牧还草工程会对草原植被恢复产生积极影响,植被的恢复状况受工程措施、工程实施年限和草地类型共同调控。就工程措施而言,实施围栏禁牧后植被的最佳恢复状况受工程实施年限和草原类型影响。草甸草原实施围栏禁牧5~7年植被恢复效果较好,典型草原较适宜的禁牧年限为10~15年,荒漠化草原及高寒草原禁牧25年植被恢复效果最佳。当禁牧时间超过最佳年限后,草原植被恢复开始变缓,甚至会出现抑制植物生长的现象。实施休牧后植被的最佳恢复状况受休牧季节、草原类型和休牧年限影响。休牧工程的实施多集中于春季,且休牧当年植被恢复效果不显著,之后随年限的延长恢复效果逐渐增加。草甸草原休牧4~5年植被恢复较好。高寒草地春季休牧通常每年的5月初开始7月初结束,此时植被恢复效果较好,而典型草原和荒漠草原最佳休牧时间要相应后延。合理的草畜平衡制度可增加植被恢复能力,但其放牧强度的合理性受草原类型影响。对于典型草原和高寒草甸草原,通常每公顷4~8只羊为合理放牧强度,而在荒漠化草原,放牧不利于草地生物多样性的维持。

围封可显著影响群落的物种组成,有效提高优良牧草的物种数,减少杂草物种数。但杂草物种数的减少会受到围封年限和草原类型及草地退化类型的影响。典型草原多年生杂草围封14年杂草物种数降至最低;荒漠化草原一年生和多年生草本物种数均减少,灌木逐渐占优势;草甸草原围封,中度退化草地适口性物种增加最为明显,重度退化地区的有害或无益植物种减少效果最为明显。高寒草甸草原短期禁牧(2~4年)对物种组成没有显著影响,长期禁牧(11年)会使物种数降低。围封禁牧会对植被生产力产生影响,增加草原植被的盖度和高度。围封禁牧对物种多样性和生物量的影响受到草原类型、草原退化程度和工程措施、禁牧年限的共同影响。草甸草原可进行围封,轻度退化草地围封禁牧会降低植物多样性,重度退化草地围封未改变物种多样性;典型草原禁牧时期植物种丰富度会先增加再逐渐减少;荒漠化草原不同类型植物地上生物量受禁牧时间影响,禁牧时间过长不利于禾本科(Poaceae)植物生物量的增加,但有利于藜科(Chenopodiaceae)植物生物量的增加;高寒草原围封显著促进了植被群落的增长,且随着围封年限的增长生物量累积更为明显。

5.5 退牧还草工程对不同省份草原植物多样性的影响

5.5.1 退牧还草政策在新疆地区的实施效果

新疆是我国主要的草原生态区,草地类型繁多,从平原到高山,依次发育形成荒漠、草原、草甸等类型的草地(高娃,2013)。受自然因素(气温、降水)和人为因素(开垦、放牧、资源开采)影响,草原退化严重(阿依努尔·热哈提,2017)。2003年,新疆维吾尔自治区开始在天山南北39个县、市级地区实施退牧还草,开展休牧封育、封山禁牧、划区轮牧等草地建设项目(李雪锋等,2013)。在原有生态补偿政策基础上实施草原生态保护补助奖励机制后,取得了良好的生态效益、经济效益、社会效益(张新华,2016)。

实施生态补奖政策7年后,天然草原牧草的鲜草产量增加了13.94%,达到了10694.35万t;鲜草产量比7年前提高32.66%;天然草原草畜平衡区鲜草产量比实施草原生态补奖机制前提高了26.53%;天然草原高峰期羊单位均需草地面积由实施草原生态补奖机制前的2.46 hm^2降至2017年的1.76 hm^2;天然草原超载率由实施生态补奖机制前的33%降至8.7%;全疆每年直接发放农牧民草原补奖资金达24.77亿元,100多万牧民从草原补奖政策中受益;全疆农牧民人均纯收入达到 9470 元,比实施草原生态补奖前提高了 103.98%(李慧芹 等,2019)。

伊吾县禁牧 5 年草地平均植被高度、盖度和生物量分别提高了 14.8%、22%和 61.88%(吴良鸿 等,2015);裕民县禁牧 3 年草地平均植被盖度、高度和干草产量分别提高了 18%、13%和 1.5%(王建国,2008)。新源县禁牧 3 年草地平均植被盖度、高度和干草产量分别提高了 23%、23%和 22%(买力娜·阿合买提江,2017)。禁牧效果随草地类型、实施年限、实施方式有所差异(表 5-1)。福海县、沙湾县牲畜越冬死亡率由 8%下降到目前的 1.5%左右,草原畜牧业连年受灾的被动抗灾局面正在有效缓解(李慧芹 等,2019)。

表 5-1　新疆不同地区植被恢复效果对比表(买力娜·阿合买提江,2017)

地区	草地类型	方式	年限	植被高度(cm)		植被覆盖度		地上生物量(kg/hm²)	
				工程区	对照区	工程区	对照区	工程区	对照区
伊吾县	温性荒漠草原	禁牧	5	30.5	24.90	46.8%	32.2%	2435	1500
			4	29.7		41.0%		2220	
			1	26.1		35.3%		1850	
裕民县	高山草甸	禁牧	3	18.25	15.40	69.5%	61.33%	1665	1640
新源县	山地草甸草原	禁牧	3	5.9	4.8	70%	57%	3300	2700
		休牧	3	6.4	5.6	77%	66%	3500	3200

5.5.2　退牧还草政策在宁夏地区的实施效果

宁夏拥有天然草原面积 301.4 万 hm²,草原和荒漠草原分别占草地总面积的 24%和 55%。2003 年,宁夏在全区 16 个市县区进行退牧还草工程。

退牧还草工程实施 4 年后,退牧工程区草原植被盖度年均递增 20.0%,最高达 51.33%,植被高度平均提高了 3.19 cm,地上生物量平均提高了 114.67%,6.67 万 hm² 流动半流动沙丘变成了固定沙丘。全区天然草原的生态服务价值由 48.31 亿元提高到 53.85 亿元,人工草地的生态服务价值由 20.34 亿元提高到 8.89 亿元,草地生态服务总价值达到 83.74 亿元(张宇 等,2010)。2016 年,高覆盖率和中覆盖率草地面积分别为 89245 hm² 和 70037 hm²,增加率达 536%和 67%(沙文生 等,2020)。宁南山区温性草甸草原植被平均高度由 23 cm 增加到 53 cm,平均植被盖度由 84%增加到 95%;温性草原植被平均高度由 18 cm 增加到 27 cm,平均植被盖度由 48%增加到 74%(戴应龙 等,2012)。盐池县封育 10 年草地植被高度增加 60%,地上生物量增加 108%(陶利波 等,2018)。

5.5.3　退牧还草政策在内蒙古地区的实施效果

内蒙古自治区草原面积达 8666.7 万 hm²,占全国草原总面积的 21.7%,是我国目前草原退化最为严重的地区之一。2003 年开始实施退牧还草,工程范围涉及 12 个盟市的 6 个旗县,重度退化草原实施全年禁牧,中度退化草原实行半年退牧,轻度退化的草原推行季节性退牧。退牧工程实施 8 年后,内蒙古共完成退牧还草任务 2.55 亿亩(约合 0.17 亿 hm²),占草原总面积 22.7%,其中轮牧 610 万亩(40.7 万 hm²),禁牧 10852 万亩(约合 723.5 万 hm²),休牧 12948 万亩(约合 863.2 万 hm²),补播 1087 万亩(约合 72.5 万 hm²)(叶晗 等,2014)。

退牧工程实施9年后，退牧还草工程区草地植被盖度、高度及干草产量分别提高11.95%、9.14 cm、430 kg/hm²（叶晗 等，2014）。至第10年，鄂温克旗境休牧9年、6年、3年草地地上生物量分别为2116 kg/hm²、1980 kg/hm²、1521 kg/hm²，均高于自由放牧样地1012 kg/hm²（李玉洁，2013）。至第13年，杭锦旗共计实施了12期退牧还草工程项目，植被覆盖度由原来的28%提高到38%左右，植被群落高度增加5 cm，草群密度加大，草群结构得到改善（高翠玲，2018）；阿拉善退牧还草工程区植被覆盖度提高了10%～15%，达到20%～23%，高度增加了6～10 cm，产量由原来的2300 kg/hm²增加到3600 kg/hm²，平均生产能力提高了20%（王晓敏，2016）。

5.5.4 退牧还草政策在甘肃地区的实施效果

甘肃省有草地面积2000万hm²，主要以干旱荒漠草原和山地草甸为主。2003年退牧还草工程启动实施，建设任务593.96万hm²，其中，禁牧围栏245.12万hm²，休牧围栏343.51万hm²，轮牧围栏5.34万hm²，退化草原补播改良140.40万hm²。工程实施范围包括17个县市级单位（张贞明 等，2011）。

肃南县、环县生态环境有所改善，草原平均盖度、高度和干草产量均显著提高。但增加量随草地类型、实施年限、实施方式有所差异。肃南县播种改良草原8年工程区植被高度增加332%，植被覆盖度增加22%，地上生物量增加241%；大多数地区围封禁牧时间越长，草原平均盖度、高度和干草产量越高，但环县半干旱典型草原在禁牧第10年，草原出现退化趋势（张贞明 等，2011；昔红艳 等，2020）。碌曲县项目区杂类草和毒草的地上生物量分别下降了155 kg/hm²和95 kg/hm²（表5-2）。退牧过程实施14年后，天祝县长期围封使植被覆盖度增加了30.06%；土壤容重和pH分别降低了20.0%和3.79%；有机碳和全氮、土壤水分分别增加了31.37%、16.51%和15.24%（王多斌，2019）。肃北、阿克塞县项目区草原野生动物百千米遇见率也由项目实施前的1～2头（只）提高到3～4头（只）以上。退牧4年甘南州玛曲县牧民人均纯收入达到2855元，高出全省平均（2329元）水平526元。阿克塞县2007年人均纯收入达6818元，是全省人均收入的2.9倍（张贞明 等，2011）。

表5-2 甘肃不同地区退牧还草实施效果（张贞明 等，2011；昔红艳 等，2020）

地区	草地类型	方式	年限	植被高度（cm）		植被覆盖度		地上生物量（kg/hm²）	
				工程区	对照区	工程区	对照区	工程区	对照区
肃南县	荒漠草原	禁牧	8	25.2	20.0	58%	53%	1425	825
		播种改良	8	84.3	19.5	97%	79%	4272	1253
环县	半干旱典型草原	禁牧	5	20.4	20.2	55%	52%	672	629
			6	18.4	15.9	66%	62%	661	530
			7	16.4	16.3	65%	60%	1042	868
			8	16.4	14.4	65%	61%	1030	909
			9	14.8	11.3	72%	69%	1403	1073
			10	11.0	10.0	71%	68%	1146	903

5.5.5 退牧还草政策在西藏地区的实施效果

西藏拥有天然草地810.667万hm²，以高寒草原和高寒草甸为主（杨富裕 等，2004）。从

2004年开始实施退牧还草工程，工程实施范围涉及7个市级区域。

嘉里县、比如县、索县、边坝县、工布江达县等地区围栏区域高寒草地净初级生产力呈现显著增加趋势，围栏禁牧使净初级生产力平均增长23.84 gC/(m²·a)，平均增长10.8%。草甸区围栏使净初级生产力平均增加28.05 gC/(m²·a)，草原区域净初级生产力平均增加13.39 gC/(m²·a)(孙银良 等，2014)。藏北地区禁牧5年后物种丰富度达到最大，地上生物量达到842 kg/hm²，提高101%(表5-3)，禁牧5年不仅可维持较高的高寒草甸物种多样性，而且还能够明显提高高寒草甸可利用生物量，但是禁牧5年以上不利于维持较高的物种多样性和草地可利用生物量(张伟娜 等，2013)。

表5-3 藏北地区退牧还草实施效果(张伟娜 等，2013)

退牧方式	物种数量	地上生物量(kg/hm²)	地下生物量(kg/hm²)
禁牧3年	6.8	562	1891
禁牧5年	8.6	842	1474
禁牧7年	9.0	659	2469
休牧5年	6.0	497	2257
自由放牧	6.0	418	2580

5.5.6 退牧还草政策在青海地区的实施效果

青海草地面积3636.97万hm²。2003年开始在17个县、市级单位开展退牧还草工作，通过围栏封育、减畜轮牧提高了草地植被盖度和生产力。

对青海全境66个不同草地类型监测显示，退牧还草工程区内草地植被平均盖度提高了15%～20%；区内牧草生长高度提高了3.5～5.5 cm；牧草平均产量由1591.8 kg/hm²提高到2012.9 kg/hm²，增长了26.45%(秦海蓉，2012)。与2003年退牧还草前相比，三江源地区6000～7500 kg/hm²等级地面积增加了95%～98%，7500～9000 kg/hm²等级草地面积增加了1.1～1.7倍，高于9000 kg/hm²等级的草地面积则增加了1.1～5.8倍(多杰龙智 等，2008)；围封禁牧区土壤容重、土壤有机质和土壤饱和持水量在6～10年趋于饱和，减畜轮牧区土壤容重、土壤有机质和土壤饱和持水量在10～14年趋于饱和(张光茹 等，2020)。

整体上看，退牧还草工程实施至今，各省草原物种多样性以及植被平均高度、盖度、生物量均显著提高，对草原植被恢复和生态环境改善起到了显著作用。就实施方式而言，补播改良区恢复效果好于禁牧区，而禁牧区恢复效果好于休牧和轮牧区。就实施年限而言，长期禁牧区恢复效果好于短期禁牧区，一般以禁牧10年达到最佳，超过10年则可能出现退化趋势。各地区草地类型、生产生活方式的不同，致使退牧方式和实施效果存在差异。退牧工程实施面积以内蒙古和新疆为最大，分别为1438.00万hm²和1082.67万hm²。就退牧方式而言，实施禁牧围栏以内蒙古、新疆和青海面积最大；实施围栏休牧、划区轮牧和草地补播均以内蒙古和新疆面积较大，宁夏、甘肃、青海和西藏面积次之。就实施效果而言，整体上宁夏草原植被恢复效果最好，植被平均高度、盖度和生物量增幅分别达50%、54%、114%，甘肃、青海、内蒙古次之，而新疆和西藏地区草原植被恢复效果较差，其中西藏植被平均高度、盖度和生物量增幅分别为23%、10%、11%。

参考文献

阿依努尔·热哈提,2017. 新疆地区草原退化的原因分析[J]. 新疆畜牧业(6):41-42.

白正,2020. 季节性放牧对内蒙古典型草原植被与土壤影响的研究[D]. 呼和浩特:内蒙古大学.

陈冬明,孙庚,郑群英,张楠楠,冉启凡,史长光,徐良英,曾凯,刘琳,2016. 放牧强度和短期休牧对青藏高原东部高寒草甸优势物种根系分泌速率的影响[J]. 应用与环境生物学报,22(4):555-560.

戴应龙,唐伟,王飒,葸杰,2012. 宁南山区退牧还草后天然草原植被变化状况监测调查[J]. 宁夏农林科技,53(11):118-119,122.

董乙强,孙宗玖,安沙舟,2018. 放牧和禁牧影响草地物种多样性和有机碳库的途径[J]. 中国草地学报,40(1):105-114.

多杰龙智,黎与,胡振军,李琦,索南杭杰,卢俊德,2008. 青海省实施退牧还草工程效益分析、存在问题及对策[J]. 草业与畜牧(10):29-31.

高翠玲,2018. 内蒙古杭锦旗退牧还草工程问题研究[J]. 内蒙古农业大学学报(社会科学版),20(1):49-53.

高树文,张超富,2012. 禁牧草场草原植被恢复效果观测[J]. 畜牧兽医科技信息(5):118.

高娃,2013. 论新疆草原生态环境保护法律机制构建[D]. 乌鲁木齐:新疆财经大学.

格日勒,那尔苏,骆作文,格日勒图雅,那仁花,王永红,马慧萍,2012. 内蒙古阿拉善右旗退牧还草工程效益及存在的问题[J]. 现代农业科技(7):302,304.

郝匕台,2019. 不同休牧时间对典型草原植物群落和土壤化学计量学特征的影响[D]. 呼和浩特:内蒙古大学.

洪江涛,吴建波,王小丹,2015. 放牧和围封对藏北高寒草原紫花针茅群落生物量分配及碳、氮、磷储量的影响[J]. 草业科学,32(11):1878-1886.

贾晓妮,程积民,万惠娥,2008. 云雾山本氏针茅草地群落恢复演替过程中的物种多样性变化动态[J]. 草业学报(4):12-18.

卡斯达尔·努尔旦别克,孙宗玖,安沙舟,魏鹏,2016. 短期休牧对昭苏草甸草原植被特征及多样性的影响[J]. 新疆农业科学,53(4):737-743.

雷志刚,丁敏,董志国,姜万利,沙吾亚·哈力曼,姜润潇,2011. 荒漠化草原实施围栏效果研究[J]. 草食家畜(3):73-75.

李慧芹,邹淑琴,李雪锋,2019. 新疆草原生态保护补助奖励机制政策效益分析评价[J]. 草食家畜(3):51-55.

李文,曹文侠,徐长林,师尚礼,李小龙,张小娇,刘皓栋,2015. 不同休牧模式对高寒草甸草原土壤特征及地下生物量的影响[J]. 草地学报(2):53-58.

李雅琼,2017. 围封禁牧对小针茅草原群落和土壤的影响[D]. 呼和浩特:内蒙古大学.

李玉洁,2013. 休牧对贝加尔针茅草原群落植物多样性和有机碳储量的影响[D]. 沈阳:沈阳农业大学.

李媛媛,董世魁,李小艳,温璐,2012. 围栏封育对黄河源区退化高寒草地植被组成及生物量的影响[J]. 草地学报,20(02):275-279,286.

刘玉祯,曹文侠,王金兰,李文,王世林,王小军,2019. 不同利用方式下高寒草甸植被生物量分配格局[J]. 草原与草坪,39(06):58-65.

马玉寿,李世雄,王彦龙,孙小弟,景美玲,李松阳,李林栖,王晓丽,2017. 返青期休牧对退化高寒草甸植被的影响[J]. 草地学报,25(02):290-295.

买力娜·阿合买提江,2017. 新源县草原生态保护政策实施效果研究[D]. 乌鲁木齐:新疆农业大学.

买寅生,2016. 围栏封育对巴音布鲁克高寒草原植被群落特征的影响[D]. 乌鲁木齐:新疆农业大学.

秦海蓉,2012. 认真实施退牧还草 全面落实生态立省战略[J]. 青海草业,21(1):34-36.

秦金平,刘颖,马玉寿,王彦龙,史建军,2020. 绿化期休息放牧对退化高寒草甸植物生长及其主要植物披碱草的光合作用的影响[J]. 农业学报,28(4): 1068-1075.
沙文生，魏淑花，牟高峰，马丽娟，王蕾，黄文广,2020. 宁夏草地植被覆盖度动态变化监测[J]. 安徽农业科学,48(23): 10-15,20.
单贵莲，徐柱，宁发，马玉宝，李临杭,2008. 围封年限对典型草原群落结构及物种多样性的影响[J]. 草业学报,17(6): 1-8.
石福孙，吴宁，罗鹏，易绍良，吴彦，王乾，李亚澜，陈槐，高永恒,2007. 围栏禁牧对川西北亚高山高寒草甸群落结构的影响[J]. 应用与环境生物学报(6): 767-770.
孙银良，周才平，石培礼，宋明华，熊定鹏,2014. 西藏高寒草地净初级生产力变化及其对退牧还草工程的响应[J]. 中国草地学报,36(4): 5-12.
孙宗玖，朱进忠，张鲜花,2014. 短期放牧强度对昭苏草甸草原植被特征及多样性影响[J]. 新疆农业大学学报,37(1): 35-39.
索晓璐,2019. 围栏禁牧工程对沙生针茅草原生态系统健康状况的影响[D]. 呼和浩特: 内蒙古大学.
塔拉腾，陈菊兰，李跻，张继武,2008. 阿拉善荒漠草地退牧还草效果分析[J]. 草业科学(2): 124-127.
陶利波，于双，王国会，高晓荣，许冬梅,2018. 封育对宁夏东部风沙区荒漠草原植物群落特征及其稳定性的影响[J]. 中国草地学报,40(2): 67-74.
王多斌,2019. 高寒草甸植物群落和土壤有机碳对气候变化和放牧的响应[D]. 兰州:兰州大学.
王建国,2008. 新疆裕民县天然草原退牧还草工程实施效果[J]. 当代畜牧(7): 43-45.
王小利，干友民，张力，张德罡，周学辉，苗小林，邓春辉，祁彪，杨予海，官却扎西,2005. 围栏内禁牧与轻牧对高寒草原群落的影响[J]. 甘肃农业大学学报(3): 368-375.
王晓敏,2016. 阿拉善右旗退牧还草工程实施效果研究[D]. 呼和浩特:内蒙古农业大学.
王有彬,2017. 短期围栏封育对退化高寒草原植被数量特征及土壤养分的影响[J]. 青海草业,26(4): 14-17.
乌日娜,2013. 退牧还草工程对乌拉特后旗草原植被恢复的影响[J]. 草原与草业,25(4): 27-29.
吴良鸿,卡玛力,2015. 退牧还草工程对伊吾县草原植被恢复的影响[J]. 新疆畜牧业(8): 57-59.
昔红艳，罗艳宁，杨羚誉,2020. 环县天然草原退牧还草工程实施后草地恢复效果的研究[J]. 甘肃畜牧兽医,50(9): 64-67.
闫玉春，唐海萍,2007. 围栏禁牧对内蒙古典型草原群落特征的影响[J]. 西北植物学报,27(6): 1225-1232.
杨富裕，张蕴薇，苗彦军，孟令国，张跃伟,2004. 对西藏实施退牧还草工程的政策建议[A]. 农业部草原监理中心、中国草学会. 中国草业可持续发展战略——中国草业可持续发展战略论坛论文集[C]. 农业部草原监理中心、中国草学会.
杨婧,2013. 放牧对典型草原生态系统服务功能影响的研究[D]. 呼和浩特:内蒙古农业大学.
杨军，刘秋蓉，王向涛,2020. 青藏高原高山嵩草高寒草甸不同退化阶段植物群落与土壤养分[J]. 应用生态学报,31(12):4067-4072.
杨勇，刘爱军，李兰花，王保林，王明玖,2016. 不同干扰方式对内蒙古典型草原植物种组成和功能群特征的影响[J]. 应用生态学报,27(3): 794-802.
叶晗，朱立志,2014. 内蒙古牧区草地生态补偿实践评析[J]. 草业科学,31(8): 1587-1596.
殷振华，毕玉芬，李世玉,2008. 封育对云南退化山地草甸植物种类及盖度的影响[J]. 草业科学,25(12): 18-22.
张光茹，李文清，张法伟，崔骁勇，贺慧丹，杨永胜，祝景彬，王春雨，罗方林，李英年,2020. 退化高寒草甸关键生态属性对多途径恢复措施的响应特征[J]. 生态学报,40(18): 6293-6303.
张建胜,2020. 禁牧对青藏高原高寒草甸植物群落组成和碳储量的影响[D]. 兰州:兰州大学.
张娜,2020. 不同放牧强度对典型草原植被群落特征及土壤理化性状的影响[D]. 北京:中国农业科学院.
张睿洋,2018. 放牧对短花针茅荒漠草原生物多样性和生态系统功能的影响[D]. 呼和浩特:内蒙古农业大学.
张伟娜，干珠扎布，李亚伟，高清竹，万运帆，李玉娥，旦久罗布，西饶卓玛，白玛玉珍,2013. 禁牧休牧对藏北高寒草甸物种多样性和生物量的影响[J]. 中国农业科技导报,15(3): 143-149.

张新华,2016. 新疆草原生态补偿政策实施成效分析[J]. 实事求是(5): 35-39.

张宇, 王佺珍,2010. 宁夏退牧还草工程绩效及可持续性分析[J]. 当代畜牧(1): 53-55.

张贞明, 阿不满, 杨俊基,2011. 退牧还草工程在甘肃的实践及思考[J]. 农业科技与信息,21: 53-54.

张振超,2020. 青藏高原典型高寒草地地上-地下的退化过程和禁牧恢复效果研究[D]. 北京:北京林业大学.

赵如梦,2019. 围栏封育对内蒙古草原生态系统化学计量特征的影响[D]. 杨凌:西北农林科技大学.

赵生龙, 左小安, 张铜会, 吕朋, 岳平, 张晶,2020. 乌拉特荒漠草原群落物种多样性和生物量关系对放牧强度的响应[J]. 干旱区研究, 37(1): 168-177.

Deng L, Shangguan Z P, Wu G L, Chang X F,2017. Effects of grazing exclusion on carbon sequestration in China's grassland [J]. Earth-Science Reviews, 173: 84-95.

Grime J P,1997. Biodiversity and ecosystem function: the debate deepens [J]. Science, 277: 1260-1261.

Hu Z M, Li S G, Guo Q, Niu S L, He N P, Li L H, Yu G R,2016. A synthesis of the effect of grazing exclusion on carbon dynamics in grasslands in China [J]. Global Change Biology, 22: 1385-1393.

Jing Z B, Cheng J M, Su J S, Bai Y, Jin J W,2014. Changes in plant community composition and soil properties under 3-decade grazing exclusion in semiarid grassland [J]. Ecological Engineering, 64: 171-178.

Qiu L P, Wei X R, Zhang X C, Cheng J M,2013. Ecosystem carbon and nitrogen accumulation after grazing exclusion in semiarid grassland [J]. PLOS ONE, 8: e55433.

Risser P G,1995. Biodiversity and ecosystem function [J]. Conservation Biology, 9: 742-746.

第6章 退牧还草对草原牧草品质的影响

6.1 退牧还草对草甸草原牧草品质的影响

6.1.1 退牧还草对牧草种类和优势度的影响

草甸草原禁牧区和刈割区及轻牧区的物种数显著高于中重度放牧区。实施不同退牧措施的草原群落牧草种类及结构差异不显著，但冷蒿(*Artemisia frigida*)、草地麻花头(*Patrinia monandra*)和星毛委陵菜(*Potentilla acaulis*)等生态退化指示植物都会出现，甚至劣质牧草蓬子菜(*Galium verum*)和狭叶青蒿(*Artemisia dracnculus*)在刈割区和轻牧区的重要值占比要高于它们在中重度放牧区的重要值占比(刘美丽，2016；胡向敏 等，2021)。中重度放牧区羊草(*Leymus chinensis*)和寸草苔(*Carex duriuscula*)等优良牧草在群落中的重要值占比接近50%、甚至高于在禁牧区和刈割区的重要值占比，说明放牧一定程度上能够促进群落中的禾草和莎草生长。

不同退牧措施对中度退化草甸草地的优良牧草羊草密度没有明显差异性影响，但放牧区中优良牧草寸草苔的密度却显著高于轮牧区、而轮牧区又显著高于禁牧区。虽然轮牧区物种数显著高于短期禁牧区和放牧区，但轮牧区中二裂委陵菜(*Potentilla bifurca*)、菊叶委陵菜(*Potentilla tanacetifolia*)、阿尔泰狗娃花(*Heteropappus altaicus*)和蒲公英(*Taraxacum mongolicum*)等劣质牧草的密度增加幅度高于禁牧区和放牧区(卫智军 等，2011)。

家庭牧场四季和两季轮牧区优势种均为羊草、落草(*Koeleria macrantha*)、糙隐子草(*Cleistogenes squarrosa*)、克氏针茅(*Stipa Krylovii*)和寸草苔等优良牧草，而且四季轮牧区的物种数最多。放牧区大针茅(*Stipa grandis*)和羊草重要性占比相对较高，但劣质牧草星毛委陵菜重要值占比最高(王雪峰 等，2017)。说明放牧会显著改变草甸草地牧草组成优势度结构，而且优良牧草和劣质牧草优势度对放牧强度的响应存在明显的物种差异。

贝加尔针茅(*Stipa baicalensis*)＋羊草＋西伯利亚羽茅(*Achnatherum sibiricum*)群落轻牧区的优良牧草禾本科植物重要值最高，其次是禁牧区和中度放牧区，重度放牧显著降低了禾本科优势度。虽然莎草科优势度显著低于禾本科植物，但随放牧强度增加莎草科重要值显著增加；豆科、菊科、蔷薇科和百合科重要值比例相对禾本科和莎草科很小，重度放牧会使它们的重要值有小幅增加(杨晨晨 等，2021)。

6.1.2 退牧还草对牧草产量的影响

基于牧草重要值加权估算饲用牧草产量约为总产量的60%～70%。禁牧区最高达到591.94 g/m^2，显著高于轻牧区的214.15 g/m^{2}和刈割区的169.71 g/m^2，更显著高于重牧区的101.79 g/m^2。群落优势物种羊草生物量在禁牧区最高达到31.85 g/m^2，其次是刈割区

18.23 g/m^{2}和轻牧区 12.31 g/m^2，重牧区仍为最低 9.74 g/m^2（刘美丽，2016）。刈割区草地地上生物量以丛生禾本科牧草和根茎类禾本科牧草为主，禁牧区草地地上生物量主要以根茎类禾本科牧草为主（郑晓翾 等，2008）。

以羊草和寸草苔为群落优势种的中度退化草地，禁牧区 7 月可饲用牧草总生物量显著高于轮牧区和放牧区，但轮牧区 8—9 月却显著高于放牧区和禁牧区。生长旺季时禁牧区羊草和寸草苔生物量显著高于轮牧区和放牧区，轮牧区和放牧区无显著差异。放牧区劣质牧草二裂委陵菜生物量显著高于禁牧区和轮牧区，但生长季末期轮牧区却显著高于放牧区和禁牧区，说明牧草产量受优势种生长特性和生长季节的共同制约（卫智军 等，2011）。

草甸草原春季休牧 2～3 年后，以饲用价值较高的莎草科和禾本科优良牧草为建群种的草原群落明显增加，毒杂草及灌木植物明显减少。植被盖度增长幅度达到 16.2%～ 200%，而牧草产量增长幅度达到 21.5%～454.46%。总体上春季休牧 2～3 年对牧草等级和产量等综合品质有明显提升作用，退化程度越严重的草地实施春季休牧后牧草产量增长效果越好，春季休牧年限适当延长有助于提高牧草品质和产量（朱立博 等，2008）。

草地优势植物种羊草在禁牧区、轻牧区、中牧区和重牧区的平均地上生物量分别为 133.85 g/m^2、103.03 g/m^2、42.39 g/m^{2}和 31.73 g/m^2，优势植物西伯利亚羽茅平均地上生物量分别是 145.11 g/m^2、152.33 g/m^2、2.12 g/m^{2}和 4.69 g/m^2，糙隐子草平均地上生物量分别为 13.52 g/m^2、11.32 g/m^2、23.74 g/m^{2}和 16.72 g/m^2。占据优良牧草主要产量优势的羊草和西伯利亚针茅生物量变化结果表明，禁牧区和轻牧区的优良牧草生物量最高，而中度和重度放牧会降低优质牧草产量。群落总生物量以轻度放牧最高，其次是围封禁牧，中度和重度放牧差异不显著（杨晨晨 等，2021）。

6.1.3 退牧还草对牧草营养成分的影响

草甸草原贝加尔针茅＋羊草＋杂草群落禁牧区和轮牧区的牧草粗蛋白含量显著高于放牧区而粗纤维含量则显著低于放牧区，说明禁牧和轮牧等退牧措施使草甸草原的牧草营养品质显著提升，即表现为高蛋白和低纤维特征。放牧区家畜过度啃食会使优良牧草的上层枝叶被采食，下部茎秆粗蛋白下降而粗纤维增加，因此，放牧区粗纤维含量显著高于禁牧区和轮牧区（表 6-1）。轮牧区和放牧区的粗灰飞、钙磷和无氮浸出物等指标差异不是特别明显，禁牧区粗灰分、钙磷和无氮浸出物等指标显著低于轮牧区和放牧区，对草地植物群落的牧草营养品质的指示性作用要略低于粗蛋白和粗纤维（卫智军 等，2011）。

表 6-1 草甸草原不同管理措施下牧草营养指标差异（卫智军 等，2011）

管理措施	粗蛋白（%）	粗纤维（%）	粗脂肪（%）	粗灰分（%）	钙（%）	磷（%）	无氮浸出物（%）
围封禁牧	8.19±0.05b	28.26±0.21b	3.36±0.05a	6.91±0.12b	0.26±0.01c	0.03±0.02b	10.80±0.04c
划区轮牧	9.01±0.05a	28.53±0.09b	2.70±0.08b	8.06±0.09a	0.42±0.03b	0.06±0.01a	11.03±0.00b
自由放牧	7.09±0.04c	31.39±0.22a	3.16±0.18a	7.85±0.76a	0.47±0.02a	0.07±0.02a	11.30±0.08a

注：abc 为统计学检验中的差异显著性标注，不同字母间表示有显著差异（$P<0.05$）。

草甸草原典型羊草＋贝加尔针茅群落的牧草营养成分和优势牧草植物羊草的营养成分均呈现显著的季节性差异。8 月初羊草群落牧草粗蛋白含量为 7.93%，显著高于 9 月初牧草粗蛋白含量 7.04%；优良牧草羊草本身 8 月初粗蛋白含量则为 7.69%，也显著高于 9 月初粗蛋白含量 6.84%。群落和羊草本身酸性洗涤纤维和中性洗涤纤维均表现为随生长季后期有显著提高。说明优良牧草羊草是草甸草原羊草群落营养成分的主要贡献者，植物群落营养品质随生长季有所下降，粗蛋白含量明显下降而洗涤纤维含量则显著增加（卫智军 等，2011）。

6.2　退牧还草对典型草原牧草品质的影响

6.2.1　退牧还草对牧草种类和优势度的影响

羊草＋大针茅群落长期围封后由严重退化的冷蒿群落恢复到糙隐子草＋落草等小禾草群落阶段，最终恢复演化到以羊草和大针茅为主要建群种的近原生典型草原优势群落。与长期放牧退化形成的相对较稳定的冷蒿群落相比，从生产角度看禁牧 8～9 年后羊草＋大针茅群落优良牧草重要值占比并没有显著高于冷蒿群落，但从生态学角度看羊草和大针茅群落在草原生态系统稳定性和可持续性方面显著高于退化的冷蒿单优群落（柳海鹰 等，2000）。

典型草原不同群落类型对刈割的响应差异较大。刈割未对单优种羊草群落产生明显影响，但刈割对克氏针茅＋羊草＋冷蒿群落短期产生促进演替作用，克氏针茅取代羊草成为群落优势种，但牧草饲用品质并未明显下降。刈割使羊草＋糙隐子草＋米氏冰草（*Agropyron michnoi*）群落退化，羊草优势地位逐渐丧失，冷蒿和一二年生植物增加，群落逐渐演变为冷蒿＋黄蒿（*Artemisia scoparia*）＋羊草群落（柳剑丽，2013）。虽然冷蒿是适口性较好的优良牧草，但放牧和刈割导致典型草原的牧草品质逐渐下降。

禁牧 27 年草地和放牧草地物种数明显高于刈割区和禁牧 7 年草地，说明放牧可能导致部分植物群落生态位分化而使非优势植物在群落中得以生存。不同利用方式的草地群落均是优良牧草占据优势地位，虽然放牧区劣质牧草重要值占比最高，但群落总体可饲用牧草的重要值差异不显著（呼格吉勒图 等，2009）。典型草原禁牧区、放牧区和刈割区大针茅＋糙隐子草＋羊草群落三种优良牧草重要值总和占比分别达到 84.36％、54.53％和 70.07％（张峰 等，2019）。

禁牧区和放牧区大针茅、羊茅（*Festuca ovina*）和伊犁绢蒿（*Seriphidium transiliense*）优势物种地位没有变化，放牧区出现苔草、冷蒿和委陵菜等草地退化的指示性植物。但从牧草饲用等级品质来看，放牧区苔草和冷蒿等都可被视为优良牧草，因此，放牧对草地牧草种类的影响较大，但对可饲用牧草在群落中的优势度影响相对较小（张宇 等，2020）。

虽然有研究发现典型草原的放牧区物种数明显高于禁牧区，但放牧区优良牧草优势度却减少 3.75％而适口性差的牧草增加 9.30％，禁牧区优良牧草增加 4.20％而适口性差的牧草减少 3.19％（李那何芽 等，2009）。说明 2～3 年短期禁牧即会促进牧草品质的改善，但对物种数量的促进作用需要更长时间。

草原禁牧 4～12 年后禾本科和莎草科等优良牧草优势度比例明显增加，豆科植物禁牧 4 年优势度增长 104.05％，但禁牧 12 年又降至 4.76％，百合科和一些小灌木半灌木植物比例波动也较大。禁牧区优良和中等饲用植物种比例总和明显高于放牧区，其中以禁牧 4～8 年草地中可饲牧草的优势度比例最高，说明禁牧 4～8 年可使典型草原可饲用牧草品质保持相对最好的状态（刘凤婵，2013）。

典型克氏针茅草原豆科植物优势度随放牧强度增加逐渐下降而禾本科植物优势度上升，百合科植物在中度放牧区也具有较明显的生长优势。轻度放牧区优势种为克氏针茅和羊草，中度放牧区为克氏针茅和糙隐子草，重度放牧区为多根葱（*Allium polyrhizum*）、黄囊苔草

(*Carex korshinskyi*)和二裂委陵菜 等,其中劣质牧草二裂委陵菜的重要值有所增加(乌云娜 等, 2015)。

克氏针茅草原轻度放牧区以优良牧草克氏针茅、羊草、狭叶锦鸡儿(*Caragana stenophylla*)、冰草(*Agropyron cristatum*)、细叶葱(*Allium tenuissimum*)为主,但劣质牧草黄蒿群落优势度有所增加。中度放牧区主要有优良牧草糙隐子草、克氏针茅和落草等,但劣质牧草轮叶棘豆(*Oxytropi schiliophylla*)、阿尔泰狗娃花的优势度相对较高,重度放牧区二裂委陵菜和黄蒿等劣质牧草优势度也明显增加(王晓光 等, 2018)。优良牧草克氏针茅在中度和轻度放牧区优势度分别为 0.83 和 0.65,重度放牧区优良牧草多根葱优势度最高达到 0.92。虽然重度放牧导致草地生产力下降,但以建群种多根葱为主的放牧草地可饲用牧草重要值仍较高(贾子金 等, 2017)。

草原禁牧区、轻牧区和中牧区均以羊草、大针茅和糙隐子草等优良牧草为优势种,但羊草和糙隐子草重要值由禁牧区的 32.98 和 24.51 分别降低到中牧区的 25.08 和 15.98。重牧区和极重牧区群落由黄蒿、地锦(*Euphorbia humifusa*)、鹤虱(*Lappula myosotis*)和独行菜(*Lepidium apetalum*)等一年生劣质牧草占据优势地位。草地可饲用牧草品质的显著下降是以中等放牧强度作为临界点(张娜 等, 2020)。

6.2.2 退牧还草对牧草产量的影响

大针茅+羊草+多根葱群落中 10 年禁牧和春季休牧草地地上生物量分别为 36.34 g/m^2 和 42.83 g/m^2,显著高于工程区外自由放牧区的 15.61 g/m^2,而且禁牧区和春季休牧区草地的地上生物量无明显差异(宋向阳 等, 2018)。

寸草苔+羊草+克氏针茅群落休牧区地上生物量最高为 140.48 g/m^2,显著高于禁牧区的 120.40 g/m^2,其次是轮牧区和放牧区的 84.29 g/m^2 和 52.46 g/m^2。基于不同饲用等级牧草重要值占比推断,休牧区可饲用牧草产量最高,禁牧区和轮牧区之间差异不显著,但放牧区可饲用牧草产量显著下降(周建琴, 2019)。

围封禁牧 26 年、7 年和 2 年的草地地上活体生物量无显著差异,分别为 108.16 g/m^2、113.05 g/m^2 和 96.86 g/m^2,但显著高于放牧样地的 30.18 g/m^2。26 年、7 年和 2 年禁牧区和放牧区内优良牧草大针茅、羊草、寸草苔、冰草和羽茅的相对重量所占比例分别为 83.93%、88.16%、78.58% 和 82.86。作为草地退化指示植物的糙隐子草具有良好的饲用价值,2 年和 7 年和 26 年禁牧区及放牧区糙隐子草相对重量占比分别为 10.74%、19.98% 和 13.81%,因此,放牧区和 2 年禁牧区可饲用牧草相对重量占比总和并未显著下降,而 26 年长期禁牧区可饲用牧草相对重量占比和地上活体生物量都略低于 7 年禁牧区(闫玉春 等, 2007)。

围封 4 年禁牧区优势植物大针茅地上生物量最高为 141.52 g/m^2,围封 9 年和围封 29 年禁牧区大针茅生物量分别为 52.48 g/m^2 和 46.08 g/m^2,显著高于放牧区大针茅生物量 15.57 g/m^2(吴建波 等, 2010)

典型克氏针茅草原禁牧 17 年草地的地上生物量最高为 168.61 g/m^2,显著高于禁牧 7 年和禁牧 2 年草地的地上生物量,且所有禁牧区可饲用生物量均显著高于放牧区(许晴 等, 2011)。轻度放牧区可饲用牧草产量虽然略高于中度放牧区,但二者差异不显著,但重度放牧区可饲用牧草产量显著低于中度放牧区(王晓光 等, 2018)。

针茅草原禁牧区和放牧区植被地上生物量差异显著,并且,放牧区和禁牧区从春季到秋季的地上生物量之间差距逐渐增大,表明禁牧措施和植被生长季节对植被地上生物量有显著交互影响(刘国华 等，2013)。基于地上生物量随放牧强度变化趋势可知，放牧导致牧草等级品质下降，但草原可饲用牧草产量随放牧强度增加而呈显著下降趋势，放牧导致草地退化以牧草产量下降为主(萨仁高娃，2011；魏博亚，2016)。

6.2.3 退牧还草对牧草营养成分的影响

典型草原放牧区生长季初期粗蛋白、粗脂肪、粗灰分、总磷、全氮、钙、水分、无氮浸出物含量比禁牧区分别增加了 3.10%、27.38%、27.63%、100%、3.24%、45.36%、13.17%和14.60%，酸性洗涤纤维、中性洗涤纤维和粗纤维含量分别减少了 21.73%、21.70%和37.57%。生长季末期放牧区粗蛋白和总磷含量比禁牧区增加了 27.26%和 11.11%，酸性洗涤纤维和粗纤维含量分别减少 7.81%和 12.19%。放牧区比禁牧区粗蛋白显著增加而纤维含量降低被认为是适度放牧导致的植物营养品质高蛋白现象(张宇 等，2020)。牲畜干扰能够促进营养物质的循环转换，禁牧区土壤氮素等营养物质循环转化过程缓慢。放牧区枯落物较少而禁牧区枯枝落叶和粗糙组织较多，也能导致营养品质粗蛋白降低而纤维含量高。

6.3 退牧还草对荒漠草原牧草品质的影响

6.3.1 退牧还草对牧草种类和优势度的影响

重度退化草地油蒿(*Artemisia ordosica*)群落优良牧草重要值从放牧区的 16.78 显著提升到 5 年禁牧区的 52.54，再到 16 年禁牧区的 70.95，即禁牧措施显著提升了重度退化荒漠草原优良牧草优势度。荒漠草原重度退化草地随禁牧年限增加，草地群落物种组成逐渐由优势劣质牧草油蒿和披针叶黄华(*Leguminosae Thermopsis*)(不被家畜喜食且有毒)逐渐转向适口性好、放牧利用率高的物种如达乌里胡枝子(*Lespedeza davurica*)、本氏针茅(*Stipa capillata*)、糙隐子草、茵陈蒿(*Artemisia capillaris*)、白花草木樨(*Melilotus albus*)和草木樨状黄芪(*Astragalus melilotoides*)等(胡向敏 等，2014)。

荒漠草原 3 种轮牧区物种数略高于禁牧区和放牧区。退牧还草工程区植物群落优良牧草重要值排序结果是 6 区轮牧>2 区轮牧>放牧区>禁牧区>4 区轮牧，但退牧还草措施对荒漠草原中等以上可饲用牧草的重要值没有显著影响，反而是放牧区中劣质牧草重要值占比最低(王顺霞，2012)。其他研究发现轮牧也会使荒漠草原优良牧草重要值下降，但增加轮牧分区有利于保持优良牧草在群落中的优势度(王晓芳 等，2019)。上述研究结果说明群落中牧草重要值占比对退牧措施的响应程度弱于牧草产量。

短花针茅(*Stipa breviflora*)群落以优良牧草无芒隐子草为优势种，但放牧区种群密度均值最高，其次是禁牧区，轮牧区最低，说明不同牧草种类对退牧措施的响应差异较大(吕世杰 等，2014)。单独放牧羊会提高群落中克氏针茅的重要值，但却降低了豆科和杂类草的重要值。虽然羊单牧会降低对牧草的取食量，但会减低某些物种的丰富度和植物群落多样性和均匀度。适度放牧条件下牛羊混合放牧可以保持群落植物多样性和牧草取食量的相对平衡(刘晓娟，2015)。

6.3.2 退牧还草对牧草产量的影响

荒漠草原短花针茅的建群种和优势种是优良牧草短花针茅和碱韭(*Allium polyrhizum*)。

生长旺季时放牧区和轮牧区的短花针茅产量没有明显差异，生长季末期禁牧区和放牧区的短花针茅产量没有明显差异，但二者显著高于轮牧区。禁牧区生长季末期地上生物量 168.89 g/m²＞轮牧区 65.48 g/m²＞放牧区 40.37 g/m²。禁牧区碱韭产量显著高于轮牧区和放牧区。荒漠草原短花针茅总生物量和优良牧草及劣质牧草生物量对退牧措施的响应都是禁牧区＞轮牧区＞放牧区（陈越，2013）。六区轮牧草地净初级生产力和生长量最高，禁牧区和二区轮牧草地生物量接近（王晓芳 等，2019）。

荒漠草原植物群落中优势种小针茅（*Stipa klemenzii*）的生物量呈现 1～3 年短期禁牧后直线下降趋势，禁牧超过 3 年就会导致优良牧草小针茅的优势度明显下降。无芒隐子草（*Cleistogenes songorica*）种群的生物量变化趋势是 1～3 年禁牧下降、3～5 年禁牧增加而 5～7 年禁牧又下降，即禁牧超过 5 年会造成优良牧草无芒隐子草种群退化。优势种沙葱（*Allium mongolicum*）种群的生物量在很低的水平波动而猪毛菜（*Salsola collina*）种群生物量则呈现剧烈的无规律波动。禁牧 5～7 年导致荒漠草原植物群落总体生物量有下降趋势（李雅琼，2017）。

放牧对荒漠草原植物群落地上现存量下降的影响极为显著，但放牧方式即放牧牲畜种类啃食会导致牧草种类和产量存在较大的响应差异。牛羊混合放牧和单独放牧牛的草地地上现存量都显著低于单独放牧羊，但二者之间地上现存量下降趋势没有显著差异，说明牛对草原地上生物量取食量大于羊（姜文娇，2017）。

6.3.3 退牧还草对牧草营养成分的影响

荒漠草原短花针茅＋栉叶蒿（*Neopallasia pectinata*）群落轮牧区的粗蛋白含量高于禁牧区，轮牧区的粗纤维和粗脂肪含量低于禁牧区，因为家畜适当采食利用能够使新鲜牧草产生补偿生产效应，同时也降低了粗纤维含量。轮牧区 6 月份牧草粗蛋白含量最高、粗脂肪含量最低，但 7—8 月牧草粗蛋白含量反而逐渐降低、粗脂肪含量逐渐升高，9 月份粗蛋白含量又接近 7 月份水平，说明经过 1 个月休牧后牧草再生质量回升（王顺霞，2012；马梅 等，2017）。退牧措施和生长季节对荒漠草原的牧草粗纤维、粗灰分和无氮浸出物含量影响差异不显著（曲艳 等，2019）。

荒漠草原短花针茅群落禁牧区的牧草产量、粗蛋白、粗灰分和钙磷含量显著低于生长季 60 天休牧区，基本与生长季 50 天休牧区牧草营养品质持平，说明长期禁牧并没有显著提高荒漠草原可饲用牧草营养水平和牧草产量，反而是生长季 5—6 月休牧能够显著提高荒漠草原牧草品质。放牧区牧草产量、粗蛋白和粗纤维含量都显著低于休牧区和禁牧区。降雨会显著影响荒漠草原牧草产量，干旱年份的牧草产量、粗蛋白、粗灰分和钙磷含量均显著低于多雨年份，但粗纤维、粗脂肪和无氮浸出物含量却是干旱年份显著高于多雨年份（杨霞 等，2015）。

6.4 退牧还草对高寒草原牧草品质的影响

6.4.1 退牧还草对牧草种类和优势度的影响

退牧还草禁牧区的优良牧草冰草和苔草重要值分别为 0.62 和 0.60，生长季休牧区优良牧草冰草和苔草（*Carex supina*）重要值分别为 0.75 和 0.67，补播草地中优良牧草垂穗披碱草（*Elymus nutans*）和冰草的重要值分别为 0.88 和 0.61，退化草地优势植物种苔草和密花香薷（*Elsholtzia densa*）的重要值分别为 0.50 和 0.48（张倩 等，2020），说明补播和生长季休牧对高寒草甸草原优良牧草优势度促进作用要高于禁牧，退化草地优良牧草优势度确有下降趋势。

嵩草(*Kobresia*)群落禁牧区嵩草和波伐早熟禾(*Poa poophagorum*)等优良牧草重要值显著提升，优质牧草整体比例由 15%提升到 25%，而毒草比例由季节性放牧区的 20%下降到禁牧区的 6%。禁牧区主要优势牧草嵩草、波伐早熟禾和垂穗披碱草的物种重要值分别为 6.58、1.51 和 1.37，明显高于季节性放牧区相应物种的重要值 5.43、0.34 和 1.21。季节性放牧区有毒杂草狼毒(*Stellera chamaejasme*)和大戟(*Euphorbia pekinensis*)的重要值分别为 0.23 和 0.25，高于禁牧区的 0.18 和 0.14(张润霞，2017)。

中度退化的紫羊茅(*Festuca rubra*)+嵩草群落 3 种禾本科优良牧草对植物群落重要值的贡献最大，莎草科贡献率较低。禾本科重要值随休牧时间延长而增加，休牧 2 年后优势禾草紫羊茅的重要值则从放牧区的 23.50%增加到 31.21%，但莎草科重要值增加缓慢。整体上禾本科和莎草科植物生长限制了阔叶杂类草生长，休牧时间越长阔叶杂草类重要值逐年下降。季节性放牧区禾本科植物比例比禁牧区降低 2%，禁牧区菊科植物比例由 15%提高到 20%。总体上禁牧对豆科、毛茛科、华丽龙胆科等物种影响较小，季节性放牧使优良牧草品质等级和比例有小幅下降(姚喜喜 等，2018；齐洋 等，2019)。

短期禁牧(<5 年)有利于提升禾本科和莎草科植物的相对优势度并抑制豆科有毒植物生长(Wu et al.，2014；Lu et al.，2015a，2015b)。长期禁牧会不断累积枯落物并降低土壤有机碳，从而影响低矮优质或可饲用牧草的返青、生长和繁殖(Shi et al.，2010，2013)。禁牧 3 年草地禾本科和莎草科等适口性好的物种重要值增加而杂草类不可食物种重要值相对下降(屈兴乐 等，2019)。

1～4 年短期退牧草地物种丰富度大小依次排序为休牧区>禁牧区>放牧区。但随着禁牧年限增长，莎草科优良牧草四川嵩草(*Kobresia setchwanenesis*)、高山嵩草(*Kobresia pygmaea*)、禾本科优良牧草垂穗披碱草、紫穗鹅观草(*Roegneria purpurascens*)和早熟禾等植物不断增加，大量毛茛科、菊科和龙胆科等毒杂草植物种减少(王岩春，2007)。

高寒草原退牧还草实施 3 年后，禁牧区和生长季休牧区禾本科和莎草科植物的优势度增加而杂类草优势度减少，优良牧草比例增加而杂草类比例下降。综合考虑植物多样性、群落物种组成和结构以及草地生产力关系，生长季休牧是较为理想的草地管理和利用方式(郑伟 等，2013)。

紫花针茅+青藏苔草群落中建群种紫花针茅(*Stipa purpurea*)和青藏苔草(*Carex moorcroftii*)重要值在禁牧 4 年样地有增加而在禁牧 8 年样地则有下降。高寒草原退化指示植物矮火绒草(*Leontopodium nanum*)重要值随禁牧时间增加而减小，而昆仑蒿(*Artemisia saposhnikovii*)重要值则随禁牧时间增加而呈现先增加后降低的趋势。放牧区劣等牧草质量占比最高为 0.878，随着禁牧时间增加劣等牧草质量占比逐渐下降至禁牧 8 年时的 0.411。优良牧草质量占比变化与劣质牧草呈相反趋势，即随禁牧年限增加而逐渐增加到禁牧 8 年的 0.322(洪江涛 等，2015；吴建波 等，2017)。高寒草原中等饲草质量占比增加幅度在禁牧 4 年时最大，禁牧 8 年时质量占比有所下降。禁牧区中等偏上饲养牧草种类和质量占比均呈增加趋势，而劣等牧草植物种类有增加但质量占比却下降。

6.4.2　退牧还草对牧草产量的影响

紫花针茅+矮嵩草(*Kobresia humilis*)群落季节性休牧区优质牧草生物量最高为 344.95 g/m^2，禾本科和莎草科优良牧草对生物量贡献最大。短期禁牧区优质牧草产量显著高于放牧区；优质牧草比例变化呈现一致趋势，但三种短期管理措施差异不显著（郭春华 等，2007）。但灌丛草地禁牧3年后地上生物量显著增加了101%，且主要是由禾本科和莎草科等优良牧草的增加所致（屈兴乐 等，2019）。

在以莎草科为优势种的高寒草甸植物群落中，禁牧1～5年植物地上生物量和可食牧草鲜重都显著高于放牧区，禁牧区和放牧区不可食牧草鲜重都呈逐年增加趋势，但禁牧区不可食牧草鲜重要显著低于放牧样地。5年禁牧区莎草科和禾本科牧草鲜重分别为75.57 g/m^2和44.08 g/m^2，分别比放牧样地显著增加25.90%和51.13%。但禁牧后莎草科和禾本科鲜重却分别呈现减少和增加完全相反的趋势，说明不同牧草种类对退牧还草的响应差异较大（党永桂等，2018）。

草原禁牧和全生长季休牧措施显著增加了垂穗披碱草和冷地早熟禾（*Poa crymophila*）的重要值、禾本科、莎草科、豆科和杂类草各功能群的植物高度、禾本科植物密度和生物量以及地上总生物量，而杂类草重要值、密度和生物量则明显下降（王小利 等，2005；李文 等，2016）。全生长季休牧6～8年能够明显促进青藏高原高寒草甸地上生物量的增加（高小源 等，2020）。

1～4年短期休牧区莎草科牧草产量在群落中占比为53.14%，比放牧区增加了16.91%；禾本科牧草产量比例比原来增加5.65%，比放牧区提高了10.81%；豆科牧草产量比例比原来增加6.44%，比放牧区提高了4.02%。菊科和杂草类等劣质牧草产量占比分别比放牧区减少了22.60%和7.36%。禁牧区不同饲用品质牧草产量变化趋势与休牧区相同。短期休牧和禁牧措施对牧草产量影响差异不大，休牧效果略好于禁牧，但随着年限增加禁牧效果要好于休牧效果（王岩春，2007）。

高寒退化草地类型群落优良牧草优势度排序大致为高寒草甸草原＞高寒草原＞高寒荒漠草原。1年短期禁牧对不同草地类型的牧草种类和重要值影响较小，但对植被地上生物量的影响显著。禁牧区高寒草甸草原、高寒荒漠草原和高寒草原地上生物量分别为341.10 g/m^2、182.17 g/m^2和396.43 g/m^2。高寒草甸草原和高寒荒漠草原短期禁牧区地上生物量比放牧区分别极显著地增加了58%和56%，而高寒草原短期禁牧区地上生物量也比放牧区显著增加了32%（赵景学 等，2011）。

高寒草甸轮牧区7—8月可食牧草产量为1281.23～1311.22 g/m^2，显著高于放牧区的937.33～957.33 g/m^2。轮牧区和放牧区的毒害草产量差异不显著，但轮牧区围栏内的毒害草产量低于围栏外，说明划区轮牧措施有利于可食牧草更新并抑制毒害草的生长发育，有助于促进草原植被恢复（张明虹 等，2013）。

高寒草原禁牧区禾本科和莎草科植物生物量分别为10.72 g/m^2和10.32 g/m^2，明显高于豆科与杂类草的4.87 g/m^2和5.75 g/m^2。但放牧区禾本科和莎草科分别为4.79 g/m^2和4.13 g/m^2，豆科与杂类草下降至2.72 g/m^2和2.79 g/m^2，表明退牧还草明显提高了草原牧草品质（买寅生，2016）。

高寒草地牧草返青期休牧1～2年使植物群落和禾本科牧草的地上生物量显著增加，但莎草科植物生物量响应不显著，阔叶型毒杂草生物量有下降趋势。连续两年返青期休牧与休牧一年相比，植物群落中禾本科植物地上生物量继续增加而阔叶型毒杂草的各项指标继续下降，说明返青期休牧可有效促进退化高寒草甸草地的优良牧草优势度和牧草产量（李林栖 等，2017）。

高寒草甸实施生长季休牧和禁牧1年措施，群落中异针茅（*Stipa aliena*）、矮嵩草、异叶米口袋（*Gueldenstaedtia diversifolia*）和青海苜蓿（*Medicago archiducis-nicolai*）等代表性牧草高度显著提高。生长季休牧和禁牧比持续放牧区的总地上生物量和优质牧草产量有显著提高。可采用短期休牧技术来优化此类未明显退化的高寒草甸群落结构，从而提高优质牧草产量（徐田伟 等，2020）。

高寒草原降水正常年份下，轻度、重度和重度放牧区进行季节性休牧后对草地地上生物量的影响差异不显著，但都明显高于对应放牧强度的放牧区。降水偏少的干旱年份，轻度放牧区进行春秋季休牧后草地地上生物量显著高于放牧区，而重度放牧区进行春季休牧后草地地上生物量也显著高于放牧区（古伟容，2013）。显然不同放牧强度下实施季节性休牧对高寒草原生物量的影响结果受放牧强度、休牧时间长短、植物自我修复力强弱以及气候变化等多方面因素调控。

重度和中度放牧强度下草甸草原两种草地植物群落优势种分别为冷地早熟禾和垂穗披碱草，中度强度冷季放牧和重度四季放牧草地地上生物量构成分别以禾草和莎草为主，占比分别达到 86.5%和 59.1%，且冷季放牧地上总生物量显著高于四季放牧。说明冷季放牧措施能够促进高寒草甸由莎草/杂草类群落向禾草/杂草类群落演替（施颖 等，2019）。

高寒草甸草原对不同放牧强度响应有协同和权衡。植物地上生物量随放牧强度增加而下降，所有放牧强度草地地上生物量低于禁牧区，但不同草原群落类型仅有中重度放牧区显著低于禁牧区。从植物功能群组成来看，禁牧区禾本科和莎草科优质牧草占总生物量的 50%，但随着放牧强度增加，优质牧草生物量比例下降而杂草比例增加（周国利 等，2019）。

6.4.3　退牧还草对牧草营养成分的影响

高寒草原禁牧使粗蛋白、粗灰分和中性洗涤纤维含量增加，但是放牧区酸性洗涤纤维和磷含量却高于禁牧区，说明高寒草原植物营养成分对禁牧的响应并不一致（买寅生，2016）。不同放牧强度的高寒草原季节性休牧对草地植物粗蛋白质含量影响不大，整个放牧季节内放牧区草地植物的粗蛋白含量还略高于休牧区。休牧区和放牧区大多数植物的粗蛋白质含量也没有显著差别，休牧区只有部分植物种如优良牧草羊茅和针茅的粗蛋白质含量高于放牧区，部分杂类草也具有类似变化（古伟容，2013）。说明无论何种放牧强度的草地，季节性短期休牧对草地可饲用牧草粗蛋白质含量的促进作用不明显。

高寒草甸草原小嵩草＋青藏苔草群落以小嵩草（*Kobresia pygmaea*）和青藏苔草为优势群落，委陵菜属、矮火绒草、沙生风毛菊（*Saussurea arenaria*）、肉果草（*Lancea tibetica*）以及藏蒲公英（*Taraxacum tibetanum*）等为主要伴生种。短期禁牧区牧草粗蛋白、粗纤维含量和有机碳都低于放牧区，但粗脂肪含量略高于放牧区（表 6-2）。中长期和长期禁牧区的粗脂肪、粗纤维含量和有机碳都高于放牧区。但长期禁牧区粗蛋白含量高于放牧区，而中长期禁牧区粗蛋白含量则略低于放牧区（张伟娜，2015）。

表 6-2　藏北高寒草原牧草养分含量对禁牧和放牧的响应差异

禁牧年限	管理措施	粗蛋白(%)	粗脂肪(%)	粗纤维(%)	有机碳(%)
>7 年	禁牧	14.63±1.79	2.73±1.21	33.97±2.75	44.19±0.19
	放牧	13.98±1.22	1.62±0.12	30.64±2.66	40.94±1.27
5～7 年	禁牧	13.56±0.60	2.12±0.14	30.94±1.76	43.38±0.38
	放牧	14.47±0.23	1.90±0.13	29.00±1.01	42.01±0.29
<5 年	禁牧	14.14±0.11	1.75±0.17	29.85±1.92	42.25±0.10
	放牧	14.91±0.15	1.66±0.36	33.63±4.20	42.59±0.25

6.5 退牧还草对沙化草地牧草品质的影响

6.5.1 退牧还草对牧草种类和优势度的影响

严重沙化草地围封禁牧后植被恢复从沙米(*Agriophyllums arenarium*)、虫实(*Corispermun macrocarpum*)和猪毛菜(*Salsola collina*)等一年生植物侵入开始,禁牧 4 年后沙化草地仍以猪毛菜、沙米、狗尾草(*Setaria viridis*)和虫实等劣质牧草为优势种。禁牧 11 年后多年生禾草大针茅、羊草和沙生冰草(*Agropgron desertorum*)以及豆科植物山竹岩黄芪(*Hedysarum fruticosum*)和斜茎黄芪等(*Astragalus adsurgens*)出现。禁牧 17 年后多年生草本植物和可饲用牧草的重要值占比显著高于禁牧 11 年样地,沙米、雾冰藜(*Bassia dasyphylla*)和砂引草(*Messerschmidia sibirica*)等沙生植物消失,猪毛菜、虫实和雾冰藜等劣质牧草重要值明显下降(吕世海 等,2008)。

沙化草地放牧区虫实、狗尾草和差巴嘎蒿(*Artemisia halodendron*)等劣质牧草重要值占 71%。围封 10 年禁牧区则以达乌里胡枝子+禾本科优良牧草为主。禁牧区虫实重要值占比下降 483%,沙米和差巴嘎蒿消失而虎尾草(*Chloris virgata*)、山竹岩黄芪和达乌里胡枝子(*Lespedeza davurica*)等优良牧草出现。禁牧区比放牧区禾本科和豆科植物种分别增加了 40%和 50%,重要值分别提高了 99%和 520%,菊科植物种和重要值分别减少了 50%和 93%(赵丽娅 等, 2017)。

沙化草地围封 10 年禁牧区以黄蒿和芦苇等劣质牧草为优势种,伴生杂草糙隐子草、狗尾草、画眉草(*Eragrostis pilosa*)和虎尾草等一年生禾本科草及猪毛菜和灰绿藜(*Chenopodium glaucum*)植物则为优良牧草。围封 5 年禁牧区优良牧草为狗尾草和胡枝子,但中下等牧草猪毛菜和黄蒿也占据重要地位,放牧区则以黄蒿和猪毛菜占据明显优势种(苏永忠 等, 2003)。

沙化草地重牧区毛马唐(*Digitaria sanguindis*)、虎尾草、画眉草、黄蒿、狗尾草和糙隐子草重要值占比为 68.62%。中牧区狗尾草、糙隐子草、达乌里胡枝子和黄蒿重要值占比为 66.93%。禁牧区狗尾草、糙隐子草、黄蒿、芦苇(*Phragmites australis*)、尖头叶藜(*Chenopodium acuminatum*)、达乌里胡枝子等优势物种重要值占比为 70.11%(吕朋 等, 2016)。

6.5.2 退牧还草对牧草产量的影响

严重沙化草地 4 年禁牧区的地上生物量最高为 232.6 g/m^2,高于 7 年禁牧区和 17 年禁牧区的 168.9 g/m^{2}和 156.2 g/m^2,而且都显著高于 1 年禁牧区的 37.4 g/m^2(吕世海 等,2008),说明严重沙化草地禁牧 7 年后可达到较高的牧草产量,禁牧时间延长并没有进一步提升沙化草地的优良牧草产量。

沙化草地禁牧区菊科和藜科等部分低等牧草地上生物量分别提高了 135%和 166%,但优良牧草禾本科、豆科植物的生物量分别比放牧区提高了 313%和 613%,禁牧区优质牧草总生产量显著提高(赵丽娅 等, 2017, 2018)。

沙化草地重牧区的地上生物量只有 61.3 g/m^2,显著低于中牧区和禁牧区的 101.5 g/m^{2}和 180.7 g/m^2。随着放牧强度对地上生物量的显著抑制和对优良牧草重要值的逐渐削弱,沙化草地可饲用牧草产量随放牧强度增加而显著降低(吕朋 等, 2016)。10 年禁牧区活体植株生物量显著高于 5 年禁牧区和放牧区,后两者无明显差异(苏永忠 等, 2003)。

6.6 北方草原牧草品质对退牧还草工程的响应

6.6.1 草甸草原对退牧还草的响应

草甸草原禁牧区、刈割区和轻牧区的物种数量差异不明显，但显著高于中重度放牧区。划区轮牧特别是增加轮牧区数量可以延长生长季休牧时间，因此，轮牧区物种数量可能会高于禁牧区、刈割区和放牧区。多种退牧还草措施会显著提高群落优良牧草的重要值，但劣质牧草在群落中的重要值也会相应增加。甚至中轻度放牧还会促进如羊草和寸草苔等禾本科及莎草科优良牧草在群落中的重要值，而且重度放牧区优良牧草群落优势度并没有显著低于禁牧区、刈割区和轻牧区。

草甸草原地上生物量与牧草产量随放牧强度增加呈现一致显著下降趋势。但禁牧区或刈割区牧草产量或高或低主要取决于群落类型和优势牧草的响应差异。短期禁牧和轮牧措施对草甸草原牧草产量和不同饲用品质牧草的产量影响差异较大，而且不同季节牧草饲用品质也会严重制约可饲用牧草产量。退化草甸草原实施春季休牧后优良牧草优势度和牧草产量增长明显，退化程度越强的草地退牧后植被恢复的效果越好，休牧时间增加对牧草等级和产量有明显提升作用。总体上中重度放牧会显著降低优质牧草优势度和产量，轻牧草原地上生物量相对较高。

草甸草原贝加尔针茅＋羊草＋杂草群落的牧草营养成分与优势种羊草营养成分变化趋势相同。草原实施禁牧和轮牧措施后群落牧草表现为高蛋白和低纤维特征，而且粗蛋白含量随生长季有所下降而洗涤纤维含量则有所增加。粗灰分、钙磷和无氮浸出物等牧草营养指标的响应指示作用不如粗蛋白和粗纤维。

6.6.2 典型草原对退牧还草的响应

典型草原放牧区草地物种数量不低于、甚至高于禁牧区和刈割区。不同利用方式草地优势种均是优良牧草，放牧区出现的寸草苔、冷蒿和委陵菜等生态退化指示植物也具有相对较高的饲用品质。总体上不同利用类型的典型草地中可饲用牧草的优势度差异并不显著。但也有研究发现不同禁牧年限草地的优良和中等饲用植物种优势度比例总和明显高于放牧区，4～8年禁牧对典型草原的可饲用牧草优势度的促进作用相对最高。

典型草原每年5—6月季节性休牧草地和10年禁牧草地的地上生物量差异不显著，但却显著高于放牧区。其他研究也证实休牧区生长季的可饲用牧草产量要略高于禁牧区和轮牧区，但禁牧区和轮牧区二者之间差异不显著。26年长期禁牧区的可饲用牧草相对重量占比和地上活体生物量都略低于中长期7年禁牧区。轻度和中度放牧会使可饲用牧草产量出现逐渐下降趋势，但二者之间差异不显著，但重牧区可饲用产量显著低于中牧区，说明草地可饲用牧草品质的显著下降是以中等放牧强度作为临界点。

典型草原放牧区生长季初期粗蛋白、粗脂肪、粗灰分、总磷、钙、无氮浸出物含量都比禁牧区高，酸性洗涤纤维、中性洗涤纤维和粗纤维含量低。放牧区生长季末期仅有粗蛋白和总磷含量比禁牧区升高，而纤维含量降低。放牧区比禁牧区粗蛋白增加而纤维含量降低可能是适度放牧导致的植物营养品质高蛋白现象，这与草甸草原群落牧草粗蛋白对禁牧和放牧措施的响应不同。

6.6.3 荒漠草原对退牧还草的响应

荒漠草原放牧区和禁牧区物种数量差异及其显著，而且物种数量、优良牧草物种数和优势度都随禁牧时间的增加而显著增加，即禁牧措施提高了重度退化荒漠草原优良牧草优势度，退牧还草使荒漠草原的牧草品质显著提升。研究证实，荒漠草原轮牧区的物种数也略高于禁牧区和放牧区，但轮牧并没有明显提升优良牧草群落优势度，而且短花针茅群落优势种无芒隐子草反而是放牧区数量最多而禁牧区次之、轮牧区最低，说明不同牧草种类对退牧还草的响应差异较大。

荒漠草原大花针茅草原地上生物量、优良牧草产量和劣质牧草产量对退牧还草的响应都是禁牧区＞轮牧区＞放牧区。荒漠草原不同优势种牧草产量对禁牧时间的响应差异较大，但总体上禁牧5～7年荒漠草原植物群落地上生物量有下降趋势。放牧对荒漠草原地上生物量的影响呈显著负效应，而且不同放牧家畜类型也会影响地上生物量。根据牛羊放牧取食影响，建议采取牛羊混合后中轻度放牧可以保持荒漠草原植物群落多样性和牧草生产的相对平衡。

荒漠草原轮牧区的牧草粗蛋白含量高于禁牧区，但粗纤维和粗脂肪含量低于禁牧区，说明家畜适当采食利用能够使新鲜牧草产生粗蛋白补偿生产效应，同时降低粗纤维含量，这与典型草原对适度放牧的响应趋势一致。退牧措施和生长季节对荒漠草原的牧草粗纤维、粗灰分和无氮浸出物含量影响差异不显著，这与草甸草原对禁牧和放牧的响应趋势相对一致。

6.6.4 高寒草原对退牧还草的响应

高寒草原禁牧、生长季休牧和补播区优势种均以优良牧草为主，且在群落中重要值差异不显著，即使退化草地优良牧草苔草仍能维持50%的群落优势度，但退化草地总体优良牧草优势度却有下降趋势。特别是放牧区毒害类杂草的优势度高于禁牧区，季节性放牧使优良牧草品质和占比小幅下降。短期禁牧（＜5年）会提升高寒草原禾本科和莎草科等优良牧草的群落优势度，且优良牧草重要值随禁牧年限增加而增加。但长期禁牧（＞8年）会使高寒草甸草原的地表枯落物不断积累而影响低矮优质牧草返青、生长和繁殖。

高寒草原三种类型优良牧草优势度排序与温带草原类似，即高寒草甸草原＞高寒草原＞高寒荒漠草原。短期禁牧对不同高寒草原类型地上生物量影响显著高于牧草种类和优势度，特别是高寒草甸草原和荒漠草原短期禁牧地上生物量增产效果明显好于高寒草原类型。轮牧区可饲用牧草产量显著高于放牧区，但二者毒害草产量差异并不显著，说明轮牧和放牧对有毒有害杂草的影响很小，划区轮牧主要目的是使优良牧草在生长过程中能得到放牧干扰后的补偿生长。总而言之，可采用短期禁牧、生长季休牧或轮牧等退牧还草措施改善未明显退化的高寒草甸草原，提高优质牧草产量。高寒草原和高寒荒漠草原则需要适当延长禁牧年限、生长季休牧时间或增加轮牧区的数量等来提升牧草品质。

高寒草原禁牧区粗蛋白、粗灰分和中性洗涤纤维含量高于放牧区。季节性休牧时少部分优良牧草粗蛋白含量高于放牧区，但同时部分杂类草的粗蛋白含量也有提升。但季节性短期休牧对草地植物群落粗蛋白质含量的促进作用不明显。短期禁牧（＜5年）使牧草粗蛋白、粗纤维含量和有机碳低于放牧区，中长期（5～7年）和长期（＞7年）禁牧使粗脂肪、粗纤维含量和有机碳高于放牧区。中长期和长期禁牧区对草原粗蛋白含量的影响略有不同。

6.6.5 沙化草地对退牧还草的响应

沙化草地放牧区主要以沙生植物差巴嘎蒿+杂类草为主，围封 10 年禁牧区禾本科和豆科植物增加比例接近 50%，但优良牧草群落优势度显著增加，菊科等劣质牧草数量和重要值显著下降。虽然沙化草地禁牧后劣质牧草地上生物量也相应增加，但优良牧草禾本科和豆科地上生物量增加幅度显著高于放牧区。

严重沙化草地禁牧后植被恢复从一年生沙生植物侵入开始，短期禁牧(4 年)草地仍以劣质沙生植物为主，长期禁牧(11～17 年)草地多年生草本植物和可饲用牧草重要值显著增加，劣质牧草重要值显著下降甚至部分沙生植物在群落中消失。虽然短期禁牧地上生物量最高，但长期禁牧的沙化草地可饲用牧草产量相对较高。禁牧 7 年的沙化草地牧草种类和地上生物量均达到较高水平，禁牧时间延长没有再提升沙化草地的牧草品质。

6.6.6 北方草原对退牧还草的响应

北方草甸草原的单位面积物种数和生物量及饲用牧草优势相对最高，其次是典型草原和荒漠草原；隐域性沙化草地牧草品质对退牧还草的响应明显弱于其他草原类型。禁牧、季节休牧和划区轮牧等措施对草原植被地上总生物量的促进作用明显高于牧草结构优化作用，但生物量提高幅度因草原类型、群落结构、退化程度及退牧措施的实施年限而异。禁牧对相同退化程度的荒漠草原牧草品质提升效果好于典型草原和草甸草原。禁牧对相同草原类型中退化严重草原牧草品质的提升效果好于中轻度退化草原。但禁牧对未退化或轻度退化草甸草原牧草品质的促进作用并没有显著高于季节休牧和划区轮牧等措施。长期禁牧、刈割和中重度放牧会导致所有草原类型的牧草饲用品质和产量下降。建议严重退化草原采取延长禁牧时间和人工补播等措施，中度退化草原采取短期禁牧、增加轮牧划区数量和延长生长季休牧时间等措施，轻度或未退化草地实施春季休牧或划区轮牧等措施。

草原优良牧草和可饲用牧草的营养成分因草原群落类型及退化程度和放牧强度交互作用而严重分异。特别是植物群落粗蛋白质、粗纤维、粗脂肪和粗灰分等营养成分对退牧还草的响应机制因草原类型、群落结构、退牧时间和生长季节等因素而差异显著。但未退化或轻度退化草原轻度放牧会提高牧草粗蛋白质含量而降低粗纤维含量，即家畜适当采食利用使新鲜牧草产生粗蛋白补偿生产效应，从而保证草原生态稳定基础上实现牧草的高效利用目标。

参考文献

陈越，2013. 不同放牧制度对短花针茅草原群落特征和土壤的影响[D]. 呼和浩特：内蒙古农业大学.

党永桂，马兴赟，2018. 多年围栏封育对高寒草甸产草量的影响[J]. 青海草业，27(4)：23-25.

高小源，鲁旭阳，2020. 休牧对西藏高寒草原和高寒草甸植被与土壤特征的影响[J]. 草业科学，37(3)：486-496.

古伟容，2013. 不同放牧强度下季节性休牧对草地植被及土壤的影响[D]. 乌鲁木齐：新疆农业大学.

郭春华，张均，王康宁，意西多吉，吴玉江，索朗达，2007. 高寒草地生物量及牧草养分含量年度动态研究[J]. 中国草地学报(1)：1-5.

洪江涛，吴建波，王小丹，2015. 放牧和围封对藏北高寒草原紫花针茅群落生物量分配及碳、氮、磷储量的影响[J]. 草业科学，32(11)：1878-1886.

呼格吉勒图，杨劼，宝音陶格涛，包青海，2009. 不同干扰对典型草原群落物种多样性和生物量的影响[J]. 草业学报，18 (3)：6-11.

胡向敏，侯向阳，陈海军，丁勇，运向军，武自念，2014. 不同放牧制度下短花针茅荒漠草原土壤碳储量动态[J]. 草业科学，31(12)：2205-2211.

胡向敏，乌仁其其格，刘琼，闫瑞瑞，2021. 不同利用方式下贝加尔针茅草甸草原群落多样性变化[J]. 干旱区资源与环境，35(4)：189-194.

贾子金，乌云娜，霍光伟，王晓光，宋彦涛，翟荣升，2017. 植物群落结构特征对不同放牧强度的响应-以呼伦贝尔草原为例[J]. 大连民族大学学报，19(3)：193-197.

姜文娇，2017. 放牧方式对荒漠草原物种多样性的影响[D]. 呼和浩特：内蒙古农业大学 .

李林栖，马玉寿，李世雄，王晓丽，王彦龙，景美玲，李松阳，年勇，韩海龙，2017. 返青期休牧对祁连山区中度退化草原化草甸草地的影响[J]. 草业科学，34(10)：2016-2022.

李那何芽，余伟莅，胡小龙，蓝登明，李花拉，曹轶凡，刘纪祥，2009. 围栏禁牧对浑善达克沙地退化草场植物群落特征的影响[J]. 干旱区资源与环境，23 (12)：157-160.

李文，曹文侠，徐长林，李小龙，刘皓栋，冯今，师尚礼，2016. 不同休牧模式对东祁连山高寒草甸草原植被特征变化的影响[J]. 西北植物学报，34(11)：2339-2345.

李雅琼，2017. 围封禁牧对小针茅草原群落和土壤的影响[D]. 呼和浩特：内蒙古大学 .

刘凤婵，2013. 内蒙古正镶白旗退化典型草原封育效应[D]. 泰安：山东农业大学 .

刘国华，沈果，王振龙，路纪琪，2013. 放牧对锡林郭勒草原植被生物量和土壤动物群落的影响[J]. 中国草地学报，35(3)：72-76.

刘美丽，2016. 呼伦贝尔羊草草甸草原围封草地不同利用模式下群落特征、土壤特性研究[D]. 呼和浩特：内蒙古师范大学 .

刘晓娟，2015. 放牧方式对荒漠草原植物群落和地下净生产力的影响[D]. 呼和浩特：内蒙古农业大学 .

柳海鹰，李政海，刘玉虹，成文联，2000. 羊草草原在放牧退化与围封恢复过程中群落性状差异的变化规律[J]. 内蒙古大学学报(自然科学版)，3：314-318.

柳剑丽，2013. 刈割与放牧对锡林郭勒典型草原植被和土壤影响的研究[D]. 北京：中国农业科学院 .

吕朋，左小安，张婧，周欣，连杰，刘良旭，2016. 放牧强度对科尔沁沙地沙质草地植被的影响[J]. 中国沙漠，36(1)：34-39.

吕世海，冯长松，高吉喜，卢欣石，2008. 呼伦贝尔沙化草地围封效应及生物多样性变化研究[J]. 草地学报，16(5)：442-447.

吕世杰，聂雨芊，桑雪颖，苏金梅，吴艳玲，卫智军，胡生荣，刘红梅，2014. 不同放牧制度对荒漠草原优势种无芒隐子草空间异质性的影响[J]. 内蒙古农业大学学报(自然科学版)，35(6)：171-176.

马梅，张圣微，魏宝成，2017. 锡林郭勒草原近 30 年草地退化的变化特征及其驱动因素分析[J]. 中国草地学报，39 (4)：86-93..

买寅生，2016. 围栏封育对巴音布鲁克高寒草原植被群落特征的影响[D]. 乌鲁木齐：新疆农业大学 .

齐洋，姜群鸥，郭建斌，张学霞，2019. 季节性放牧对甘南高寒草地植被和土壤理化性质的影响[J]. 草地学报，27(2)：306-314.

曲艳，李青丰，段茹晖，樊如月，刘重阳，牛茹，2019. 放牧方式对暖温型草原区短花针茅群落特征及 α 多样性的影响[J]. 中国草地学报，41(4)：87-93.

屈兴乐，方江平，2019. 围栏封育对退化灌丛草地群落土壤特性和植被的影响[J]. 北方园艺，(3)：109-115.

萨仁高娃，2011. 不同放牧强度对典型草原植被、土壤及家畜增重的影响[D]. 呼和浩特：内蒙古农业大学 .

施颖，胡廷花，高红娟，罗巧玉，于应文，2019. 两种放牧模式下高寒草甸群落植被构成及稳定性特征[J]. 草业学报，28(9)：1-10.

宋向阳，卫智军，郑淑华，李兰花，常书娟，杨勇，刘爱军，2018. 不同干扰方式对呼伦贝尔典型草原生态系统特征的影响[J]. 生态环境学报，27(8)：1405-1410.

苏永忠，赵哈林,2003. 持续放牧和围封对科尔沁退化沙地草地碳截存的影响[J]. 环境科学，24(4)：23-28.
王顺霞,2012. 放牧方式对围栏草地植被和土壤环境质量影响的研究[D]. 杨凌:西北农林科技大学 .
王小利，干友民，张力，张德罡，周学辉，苗小林，邓春辉，祁彪，杨予海，官却扎西,2005. 围栏内禁牧与轻牧对高寒草原群落的影响[J]. 甘肃农业大学学报，40(3)：368-375.
王晓芳，马红彬，沈艳，许冬梅，谢应忠，李建平，李小伟,2019. 不同轮牧方式对荒漠草原植物群落特征的影响[J]. 草业学报，28 (4)：23-33.
王晓光，乌云娜，霍光伟，宋彦涛，张凤杰,2018. 放牧对呼伦贝尔典型草原植物生物量分配及土壤养分含量的影响[J]. 中国沙漠，38(6)：1230-1236.
王雪峰，王琛，胡敬萍，刘书润，曾昭海，胡跃高,2017. 家庭牧场不同放牧方式对草甸草原植物群落的影响[J]. 草地学报，25(3)：466-473.
王岩春,2007. 阿坝县国家退牧还草工程项目区围栏草地恢复效果的研究[D]. 成都:四川农业大学 .
卫智军，李霞，刘红梅，吴青青，吕世杰,2011. 呼伦贝尔草甸草原群落特征对不同放牧制度的响应[J]. 中国草地学报，33(1)：65-70.
魏博亚,2016. 不同草地利用方式对典型草原地上初级生产力和根系生物量的影响[D]. 呼和浩特:内蒙古大学 .
乌云娜，霍光伟，宋彦涛，张凤杰，雒文涛,2015. 牧压梯度下呼伦贝尔典型草原植物群落学特征[J]. 草业学报，24(1)：176-182.
吴建波，包晓影，李洁，赵念席，高玉葆,2010. 不同围封年限对典型草原群落及大针茅种群特征的影响[J]. 草地学报，18(4)：490-495.
吴建波，王小丹,2017. 围封年限对藏北退化高寒草原植物特征和生物量的影响[J]. 草地学报，25(2)：261-266.
徐田伟，赵炯昌，毛邵娟，耿远月，刘宏金，赵新全，徐世晓,2020. 青海省海北地区高寒草甸群落特征和生物量对短期休牧的响应[J]. 草业学报，29(4)：1-8.
闫玉春，唐海萍,2007. 围栏禁牧对内蒙古典型草原群落特征的影响[J]. 西北植物学报，6：1225-1232.
杨晨晨，陈宽，周延林，潮洛濛，呼格吉勒图，陈瑜,2021. 放牧对锡林郭勒草甸草原群落特征及生产力的影响[J]. 中国草地学报，43(5)：58-66.
杨霞，王珍，运向军，卫智军,2015. 不同降雨年份和方法方式对荒漠草原初级生产力及营养动态的影响[J]. 草业学报，24(1)：1-9.
姚喜喜，宫旭胤，张利平，焦婷，陶海霞，郭斌，张爱琴，吴建平,2018. 放牧和长期围封对祁连山高寒草甸优势牧草营养品质的影响[J]. 草地学报,26 (6)：1354-1362.
张峰，杨阳，乔荠瑢，贾丽欣，赵天启，赵萌莉,2019. 利用方式对大针茅草原植物多样性、功能性状及地上生物量的影响[J]. 中国草地学报，41(1)：1-8.
张明虹，孙强，黎阳,2013. 轮牧对山地草甸植物群落的影响[J]. 新疆畜牧业(增刊)：64-65.
张娜，秦艳，金轲，纪磊，崔志强,2020. 放牧对典型草原群落特征及土壤物理性状的影响[J]. 中国草地学报，42(4)：91-100.
张倩，王志成，蒲强胜，侯齐琪，蔡志远，杨晶，姚宝辉，王缠，孙小妹，苏军虎,2020. 不同管理模式对甘南高寒草甸碳储量的影响[J]. 草地学报，28(2)：529-537.
张润霞,2017. 不同利用强度高寒草甸群落植被构成及演替特征[D]. 兰州:兰州大学 .
张伟娜,2015. 不同年限禁牧对藏北高寒草甸植被及土壤特征的影响[D]. 北京:中国农业科学院 .
张宇，阿斯娅・曼力克，辛晓平，张荟荟，热娜・阿布都克力木，闫瑞瑞，郭美兰,2020. 禁牧与放牧对新疆温性草原群落结构、生物量及牧草品质的影响[J]. 草地学报,28(3)：815-821.
赵景学，祁彪，多吉顿珠，尚占环,2011. 短期围栏封育对藏北 3 类退化高寒草地群落特征的影响[J]. 草业科学，28(1)：59-62.
赵丽娅，张晓雨，熊炳桥，张劲,2017. 围封和放牧对科尔沁沙质草地植被和土壤的影响[J]. 生态环境学报，

26(6)：971-977.
赵丽娅，钟韩珊，赵美玉，张劲，2018. 围封和放牧对科尔沁沙地群落个多样性与地上生物量的影响[J]. 生态环境学报，27(10)：1783-1790.
郑伟，李世雄，董全民，刘玉，2013. 放牧方式对环青海湖高寒草原群落特征的影响[J]. 草地学报，21(5)：869-874.
郑晓翾，王瑞东，靳甜甜，木丽芬，刘国华，2008. 呼伦贝尔草原不同草地利用方式下生物多样性与生物量的关系[J]. 生态学报(11)：5392-5400.
周国利，程云湘，马青青，申波，曲久，田富，常生华，2019. 牦牛放牧强度对青藏高原东缘高寒草甸群落结构与土壤理化性质的影响[J]. 草业科学，36(4)：1022-1031.
周建琴，2019. 呼伦贝尔草原不同放牧方式下的草场植被群落特征及其与环境因子的关系研究[D]. 北京林业大学硕士学位论文.
朱立博，曾昭海，赵宝平，王旭，胡跃高，海棠，2008. 春季休牧对草地植被的影响[J]. 草地学报，3：278-282.
Lu X Y, Yan Y, Sun J, Zhang X K, Chen Y C, Wang X D, Cheng G W, 2015a. Carbon, nitrogen, and phosphorus storage in alpine grassland ecosystems of Tibet: Effects of grazing exclusion[J]. Ecology and Evolution, 5(19): 4492- 4504.
Lu X Y, Yan Y, Sun J, Zhang X K, Chen Y C, Wang X D, Cheng G W, 2015b. Short-term grazing exclusion has no impact on soil properties and nutrients of degraded alpine grassland in Tibet, China[J]. Solid Earth, 6(4): 1195-1205.
Shi F, Chen H, Wu Y, Wu N, 2010. Effects of livestock exclusion on vegetation and soil properties under two topographic habitats in an alpine meadow on the eastern Qinghai-Tibetan Plateau[J]. Polish Journal of Ecology, 58(1): 125-133.
Shi X M, Li X G, Li C T, Zhao Y, Shang Z H, Ma Q, 2013. Grazing exclusion decrease soil organic C storage at an alpine grassland of the Qinghai-Tibetan Plateau[J]. Ecological Engineering, 57: 183-187.
Wu J S, Zhang X Z, Shen Z X, Shi P L, Yu C Q, Chen B X, 2014. Effects of livestock exclusion and climate change on aboveground biomass accumulation in alpine pastures across the Northern Tibetan Plateau[J]. Chinese Science Bulletin, 59(32): 4332-4340.

第 7 章　影响退牧还草效果的原因及过程

影响退牧还草工程效果的原因和过程具有经济性、社会性和复杂性。按任继周等(2000)的观点,草地退化由草丛-地境界面、草地-动物界面与草畜-经营管理界面关系错乱造成。草丛-地境反映植物与土壤互作关系,决定草地生态系统的活力、组织力和恢复力。草地-动物存在系统不协调,包括牧草生长明显的季节性与动物营养需求的相对稳定性之间的矛盾,动物生产与植物生产之间的密度畸形分布对草地生产能力的影响,植物与动物种群内部和种群之间的畸形分布及拮抗作用。草畜系统和经营管理者之间的关系反映了草地生态系统封闭性与社会系统开放性之间的矛盾。因此,探究禁牧、休牧及草畜平衡如何影响这三个界面的关系及其如何影响草地环境、草地生物多样性和草地生产力即成为研究要点(图 7-1)。退牧还草工程效果的原因及过程调研集中在了 4 个方面:(1)草原围栏;(2)划区轮牧;(3)超载及偷牧;(4)体制机制建设(包括草原立法、执法,草地产权等)。事实上,这些方面不仅与草地经营和草地生态保护密切相关,而且也是广大与草原管护和使用相关的科技工作者诸如生态学家、经济学家、法学家的关注点。

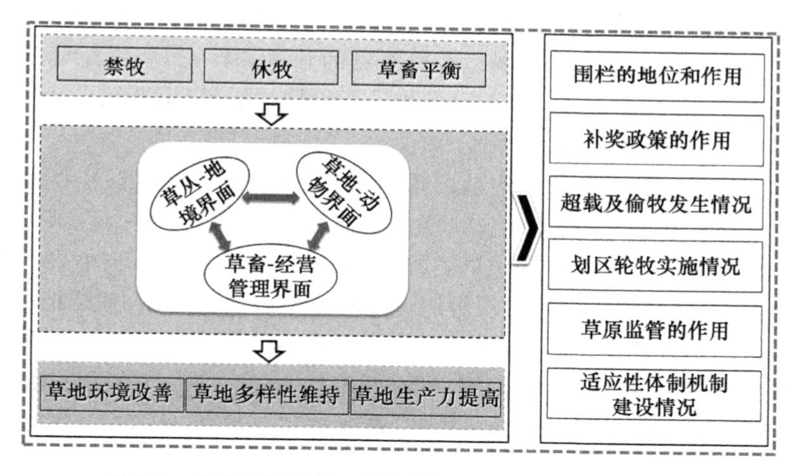

图 7-1　影响退牧还草工程效果的原因和过程的辨析思路

7.1　草原围栏

7.1.1　内蒙古草原围栏建设历程

在草地保护和建设上,围栏的传统功能为封禁、保护生物多样性及进行划区轮牧。内蒙古自治区的围栏建设经历了从集体工程到牧户工程的形式转变,反映了社会、经济、技术以及国家政策的综合影响(韩丽敏 等,2020)。

20 世纪 50 年代草原牧区进入人民公社时期，开始实施草牧场公有制经营，牲畜归集体所有，继续沿用移动放牧制度，生产大队组织季节性放牧场和营盘管理。20 世纪 70 年代后期，“畜草双承包”责任制代替草场集体所有的产权制度。至 1985 年，内蒙古自治区 95%的牲畜“作价归户”，75.65%的可利用草场落实了所有权，57.58%的可利用草场落实了使用权。产权制度和经营方式的转变驱动了草地围栏从无到有、从集体草库伦到个人草场围封的历史演进。

草原围栏的雏形是集体草库伦(亦称草圈子、草园子，指用“围栏”把天然草场围圈起来)。针对草畜矛盾和草地退化，20 世纪 50 年代内蒙古兴起草库伦建设，20 世纪 60 年代后期集体草库伦建设进入迅速发展阶段，20 世纪 70 年代后期草库伦进入全面建设时期。随着草库伦面积扩大，围栏质量逐步提高，建设材料则由土石墙过渡到刺丝围栏、钢围栏、电围栏、生物围栏。集体草库伦在缓解“草畜矛盾”、提高草地畜牧业抵御自然灾害能力方面发挥了重要作用，其生态、经济以及社会效益受到了政府和牧户的广泛认可(韩丽敏 等，2020)。

1997 年内蒙古牧区全面落实草原“双权一制”政策，游牧畜牧业由此向定居畜牧业转化，大型集体草库伦开始了向小型牧户单户或联户草库伦转型，刺丝围栏和网围栏得以大规模使用。围栏既是牲畜快速增多和草场资源锐减的结果，又是牧户进行草场保护并切实占有草地资源的有力方式，更是国家政策和财政扶持的结果(王娜娜，2012)。

草原围栏兴起的主要方式有“自发型”和“被迫型”两种。自发建设围栏的牧户具有良好的经济条件，保护草场和扩大再生产的现实需求驱动他们率先在草场四周建立围栏，既实现对草场的占有，又阻止其他牧户的牲畜进入所占有的草场。“被迫型”牧户有两类：第一类被迫建设草场围栏的牧户要么草地面积小但牲畜数量多，要么草场受到已围封草场牧户的侵入，维护自己权益的现实需求促动他们建立草场围栏实现草场的独占，第一类被迫建设草场围栏的牧户的草场是“被围封”的，当周边其他牧户的草场均已建设围栏后，自家草场自然就被圈在围栏里面，客观上等同于“围封”占有。

围栏划定的草原使用和占有的真实情况较为复杂。在草原牧区，富裕牧户或大户往往在将自己草地围封后，把牛羊赶到他人或公共草地上放牧。贫困牧户或小户则常常因无力承负围栏建设费用无法阻止富户或大户侵用草场的行为。但是这种“大户吃小户、富户吃穷户”的行为并不能长久维持，穷户和小户不得不最终选择实施草地围栏建设，其结果是部分牧户兴建围栏即刺激其他牧户跟进建设围栏，否则穷户和小户就将陷入无草场可用的境地。地方政府在草地分配和围栏建设上发挥了重要作用，在建设围栏上的一个重要举措即是帮助小户和穷户建设围栏，明确其草场资源，阻止大户的侵用，解决使用草场资源时的“大户吃小户”问题(王娜娜，2012)。

国家设立围栏建设项目，牧户自发建设围栏，但受资金所限，牧户自己建设的围栏质量更差。2003 年，中央政府启动退牧还草工程，从政策、资金等方面大力支持草原围栏建设，草原围栏建设成了最醒目的草原建设和管理工程。截至 2007 年，全国草原围栏面积已达 3800 万 hm^2(杨理，2010)。

在草原牧区，现在已从最初对少数大户围封的抵制过渡到全体牧户对围栏项目的积极争取，形成这一形势的动因主要包括四个方面：其一为“占领地盘”，草场划分到户已赋予牧户以草场合法使用权，草牧场边界需借助围栏进行确定，围封是维护草场使用权与经营权、保证承包权益的必要手段(韩丽敏 等，2020)；其二为在保护自己草场时使用公共草场，草地畜牧业成本较低，大量饲养牲畜是通向致富目标的便宜之径，实现这一设计的先决条件为占有更多草地资源,在户与户之间牲畜数量参差不齐的情形下,利用围栏实现既保护自己草场又利用公共草场的目标不失为聪明的选择;其三为保护自己草场,大户和富户围封草场后觊觎小户和穷户草场,小户和穷户出于保护自己草场需要建立围栏围封自己的草场;其四为国家将围栏建设视为草地经营和保护的重要手段,倾注了强劲的政策和财政支持(王娜娜,2012)。

7.1.2 目前人们对围栏的歧见

毫无疑问,围栏现在已经成为草原建设的热点问题,褒者有之,贬者更众(张倩 等,2008;王娜娜,2012)。学者对围栏封育的推崇源于植物演替顶极理论,他们认为:长期超载过牧会导致草原植被发生逆行演替并远离顶极群落状态,而围栏封育可降低草地放牧压力,使天然草场在休养生息的基础上朝着适应当地气候条件的群落方向演替(王娜娜,2012)。国家倡导草原围栏建设的政策基础是:在陆生生态系统中草原的自我修复功能最强,只要进行合理的围栏封育,在经过足够时间后退化草原植被就能实现自我恢复。政府部门推进草原围栏的行动构想是:草地资源利用存在大户侵占或利用小户的问题,实施围栏项目能明确草场界限,阻止"大户吃小户、富户吃穷户"问题。

"双权一制"及围栏建设使草地保护由"公地的悲剧"向"围栏的陷阱"转变是围栏质疑者发出的强烈呼声(杨理,2010)。形成这一看法的基本思辨逻辑是:草原作为共有地其产权具有社会合约性,并不完全遵循市场交易合约性的产权逻辑,草原使用和管理包含观念和道德制约的力量,受社区成员互惠行动关系、习俗和惯例等非正式制度调控。围栏封育并不能代替这些因素发挥草地管护的决定作用。草原产权明确到牧民个人或家庭并不能避免草原退化,围栏介入因产权明确而导致的资源耗竭,使"公地悲剧"演化为"私地悲剧"。"私地悲剧"所以产生是因牧民将草原视作生产资源,加剧草原利用,以实现草原的资产价值,即造成"私地悲剧"(营刚,2014)。

对围栏的质疑是多方面的。首先,在保护草地资源和草地生态上,国家为网围栏预设的价值与牧户建设网围栏所兑现的价值间存在原则冲突。国家期望牧户通过网围栏建设合理放牧以保护草场生态,而牧户则期望通过草地资源最大化提高自己的收益。牧户实际上采取的策略是借助围栏保证自己的草场使用权,而不是(至少不主要是)借助它实现划区轮牧等草场合理利用。牧户在放牧场建设围栏同时将牲畜放在围栏外面进行放养,将放牧场变做打草场使用以便冬季能获得更多干草饲料这种追求利益最大化的行为是对围栏保护草场初衷的最大违背。围栏对于牧户的最大意义是界定草场产权,产权清晰与草原保护的联系绝非像设想的那样简单(李金亚 等,2013b;营刚,2014)。第二,国家预设的网围栏所需取得的保护-利用关系与牧户实施网围栏所兑现的保护-利用关系大相径庭。从牧户的角度看,围栏的最主要收益是既保护自己草场又能利用公共草场。众多研究显示,"双权一制"政策实行后,未围栏的天然草原比之前还要公地化(营刚,2014)。牧户在追求利益最大化时并非简单地把牲畜放养在自己围栏内,自家管理自家的草场和牲畜或者将牲畜施以舍饲圈养以保护草场,而是先利用未围封草场放养牲畜后利用自己草场放养牲畜,其结果是围栏内外的草场都受到掠夺式的利用,所有草场都在损毁的边缘徘徊。第三,围栏造成了草场利用上的不公平。围栏兴建是以谁最早围栏谁就可以既保护自己草原又利用公共草原开始的。但是,低收入承包牧户早期却没有能力建设围栏以保护自家草牧场,于是早期建设围栏的养畜大户(经济实力较强的承包牧户)即倾向无偿使用或掠夺低收入承包牧户未进行围封的草牧场,无形中拉大了牧户草场使用经营权的差异,围栏造成的草场使用上的不平等能进一步拉大牧户贫富差距,重塑牧区的社会和经济关系，对牧区的社会稳定和可持续发展产生深重的负面影响。第四，建立围栏对草地进行围封改变传统牧场利用方式并淡化牧民合作关系。传统的游牧方式被公认为是最有效、最合理的草地利用方式，游牧通过走场维持草场质量、抵御自然灾害、建立社会互助合作关系。围栏作为清晰的产权工具把草地资源圈进各家各户，草原使用从此就表现了强烈的排他性。围栏的出现使牧区“领地化”、草场“碎片化”，这种“独占”和“狭小”限制了走场。当牧民家庭成为决策主体时，社区的集体意识就变得非常淡漠，隐性“社会合约”和“互惠机制”（集体成员共同使用草原，彼此之间资源互惠）的力量遭到极大损毁，牧区生产关系变得疏松而缺乏管理效力，亲邻关系渐趋疏远，合作和互助渐趋减少，纠纷日益增多（王娜娜，2012）。第五，草地修养-利用关系未因围栏建设而改善。草地划分到户并建设围栏使草地资源碎片化。当每个牧户所拥有的草场面积不大时，其管理操作就受到严重制约，留出一块或数块草场用于生态恢复就难于兑现。另外，草原自然灾害对牧草产量影响极大，当其发生时不拥有大面积草场便难于满足草料供给。鉴于大多数牧户靠天养畜，且成本制约又限制贫困牧户空留草场以备不测，草场利用总是满负荷或超负荷的。此种形势下，除非采取精心设计的划区轮牧，围栏在使草地变碎时并未给草地带来修养机会，通过建立围栏促进强度退化及沙化草场植被迅速恢复的国家和地方政府目标因而难于实现（王娜娜，2012）。第六，围栏对野生动物资源产生影响。围栏限制了野生动物尤其是体幅大和生存域幅广的野生动物的觅食、寻偶、产子、育幼、迁徙，是野生动物逃避食肉动物的难以逾越障碍（吴玉虎，2005），直接造成了野生动物死亡，并进一步影响野生动植物之间的相互依存关系和草原生态系统的自我平衡能力，可能造成草原生态系统生物链的破裂和重组（孙学力，2008）。2017 年一则关于草原围栏影响黄羊迁徙的报道引发了公众对草原围栏的广泛质疑，也引发了围栏对草原上的野生动物影响的高度关注。现实中，围栏在一定场合的保护植物效力会被削弱野生动物的副作用所冲淡。第七，围栏建设会使牧民贫困化加重。当承包者纷纷建设围栏导致公共草场迅速减少甚至消失后，围栏带给牧民的好处就变得极其微薄，如果牧民自己投资建设围栏，围栏成本可能会成为牧户的净损失，这在很大程度上关乎贫困牧户的生存和生活质量（杨理，2010）。第八，围栏在改变草场的同时改变牧户的家畜组成和结构。畜牧业生产由大集体转变为小户型模式后，简化了牧民的牲畜饲养结构，因为只有规模大的草场才能满足五畜（牛、马、山羊、绵羊、骆驼）并存的需求，在规模小的草场上放养牲畜只能朝单一化和小型化发展（张倩 等，2008）。围栏对需要长距离走动的牲畜的影响是毁灭性的。

围栏不利于合理放牧方式的选择。草、畜、人是草原畜牧业中不可分割的三个要素（任继周 等，2011a）。由于不同牲畜种类习性不同、牲畜对水草的需求随季节而变化，先人通过季节性移动放牧实现不同季节草地植物资源与牲畜需求的吻合。草场自然灾害诸如干旱、雪灾和风暴会给畜牧业带来很大威胁，移动畜群的游牧方式通过调整放牧压力实现对牧草资源时空分配的适应进而避免自然灾害对畜牧业的毁灭性打击（孙学力，2008）。传统的草地畜牧业避灾方式包括移动畜群（牧民赶着牲畜到没有发生灾害或灾害较轻的草场上）及牲畜转包（包给没有受灾的或牲畜少的牧户），但“双权一制”政策实行后，围栏的星罗棋布不但包封了私人领地的私人草场而且隔绝了公路两侧的公共草场，围栏障碍和自我隔绝严重制约了走场和轮牧，牧民间的关系渐趋疏远，令转包变得更加艰难，当牧户只能通过购买草料和建设棚圈应对自然灾害时，传统游牧方式及其所体现的放牧效率则渐行渐远（王娜娜，2012）。

围栏对草场质量产生负面影响。游牧方式的核心是安排不同种类的畜群在草地上轮流放牧。由于不同牲畜种类采食偏好不一样，而游牧正好满足各食所需，游牧方式的草场利用效率很高。围封并未提高草地质量，其原因在于：第一，围封而不利用并不一定能使草地达到演替顶极，却能使草地植被盖度变低、结构变简单、营养物质循环遭遇阻断（孙学力，2008）；第二，围栏在一定程度上造成“生境隔离”，通过限制牲畜或野生动物活动阻断传播体的动物传播，通过影响草地植物繁衍影响草地生物多样性格局；第三，在围栏界定定居定牧体系后，牧民不能根据植被生长情况调整牲畜在草场上的时空分布，在局部超载时导致一些草场地块的分布型过牧，单一种类畜群、牲畜持续啃食、对水源地和井边草场强度踩踏更易造成分布型过牧，分布型过牧是不易受重视且又作用强劲的草地退化和沙化的催化剂（张倩 等，2008）。

围栏建设增加了草地畜牧业发展的直接和间接成本。草原区和农区的最大区别是维护产权排他性的成本非常高，常常为普通牧民能力所不及。2000 年以来，国家项目如退牧还草项目使用的高规格围栏平均费用不低于 10 元/亩，牧户自己建造的围栏的费用为 3～5 元/亩。按 2007 年的围栏面积，建造围栏价格按照 3 元/亩计算，内蒙古围栏总建造成本为 112161 万元。如果按每年维护和折旧价格 0.2 元/亩计算，内蒙古每年围栏维护折旧成本达 7476 万元。草原管理防护费用成本高会造成牧区人均净收入增长缓慢（杨理，2010）。另外，走场的消亡加大了牧户应对雪灾的风险和成本，冬季购买饲料和干草使牧民养畜成本和生计负担明显加重。

虽然围栏在生态、生产和生活方面有诸多弊端，但学者们更倾向认为完全拆除草原围栏已不可能（王娜娜，2012；韩丽敏 等，2020）。围栏兴起后，畜牧业生产环境已发生很大变化，拆除围栏、恢复传统游牧制度可能同样会面临巨大挑战。

7.1.3　关于围栏的调研结论

调研评估将围栏在草地保护中的地位和作用放在了首位，调研主要针对下述问题：围栏限制牲畜随便进入草场的作用是否明显？围栏是否增加了局部草场的退化？围栏是否影响野生动物迁徙？围栏是否影响种子传播？围栏是否有其他危害？除封禁外，围栏是否还有其他功用？

对市、旗县、乡镇、村、牧户的多层次调研显示，对围栏地位和作用的评价可以分为三派：支持派、反对派和中立派。支持派认为：围栏具有明显阻止牲畜随意进入草场的作用；围栏对大牲畜控制效果尤其明显；围栏的短期恢复植被作用较强，利于沙化及退化草地生态恢复及植物多样性保护；围栏能减少人类活动，利于野生动物生存、增加野生动物种类和数量；围栏影响野生动物迁徙的现象主要发生在边境地区网围栏高大且网孔小的地段，对普通草原区影响并不明显；非全年禁牧区围栏截挂干枯植物所形成的篱墙阻止种子风力传播的现象不很明显；草地承包到户、确权后需要网围栏划定地界，围栏作为牧户间草场的分界线有维护私有财产的作用；围栏有利于草场大户实施划区轮牧，能将打草场和放牧场分开、将冬季牧场与夏季牧场分开；使用围栏可节省雇用羊倌的费用，利于牧户放牧管理并减少放牧投入。反对派认为：因为围栏常常失修或建设不完善，其阻止牲畜随意进入草场的作用有限；边境地区的围栏及新式围栏高大且网眼小，影响野生动物迁徙，狐狸等稍大动物难于通过；围栏有加剧草地退化的作用，因为在围栏封禁区牲畜对草场的践踏更加频繁、过度，而在围栏外部未封禁区，在不减少牲畜数量的前提下有限的未围封草地会遭受更为强烈的利用和践踏，频繁践踏和利用致使草原上形成很多大小不等的退化和沙化斑块，在水源地、公用地等地段尤其明显；牲畜能通过粪便及毛皮传播天然植物种子，且不同畜种的牧草采食偏好和传播能力存在差异，因围栏限制牲畜活动范围，故使家畜通过粪便传播种子的潜力缩小，种子动物传播范围受限，经长期围封后草地植物丰富度会降低、多样性会变差（有人指出，未围封时马能吃到 30 余种植物，围封后仅能吃到10余种植物);围栏挂留干枯一年生植物形成40～100 cm高的干枯植物篱墙能阻止种子风力传播;围栏截留干枯植物形成的篱墙可能是草原病虫害的滋生地;建设围栏多数是国家花钱,围栏厂家获利,牧民并未得到实惠。中立派认为:围栏具有其有利的一面,也具有其不利的一面,是否营建围栏应视情况而定。

不同行政区域间、不同自然区域间、不同级别单位间、政府部门与农牧民间、不同农牧民之间对围栏的态度存在差异。东部区对围栏持否定态度的人偏多,西部区对围栏持肯定态度的人偏多。在草甸草原区及典型草原区反对围栏的呼声较高,在荒漠草原区及荒漠区赞同围栏的呼声较高。即使强烈反对围栏的人也认为在沙丘等环境脆弱区应建立围栏,即使强烈赞同围栏的人也认为在农牧交错区围栏效果并不明显。在东部区虽然反对围栏是主流,但不同级别单位间也存在差异,村级以上单位认为草地畜牧业是不同于舍饲圈养畜牧业的经营方式,发展方向应该是草地绿色产业之路,但围栏不利于这种发展方式,而村级单位则认为围栏降低了草地经营难度,降低了花费(兴安盟一村长指出,如果没有网围栏,雇羊倌每年需花销6万元,而且难以雇到人)。在典型草原区,草原管理部门及政府倾向认为围栏仅起到边界作用,划区轮牧的功能已经消失,不支持建设围栏,而农牧民则认为围栏能阻止牛羊随意进入自家牧场,支持围栏建设;在荒漠草原区,市、县草原部门、乡镇政府和牧民均支持围栏建设。不同牧户对围栏的反应并不一致:草场面积大的牧户更支持围栏建设,更希望阻止其他牧户的牲畜进入自家草场;草场面积小的或超载的牧户倾向于反对围栏建设,希望有更多的草地供自己随便使用;无草场的牧户坚决反对围栏,因为他们没有草场可供放牧;老牧民倾向反对围栏,因为围栏改变了传统的游牧方式,如按游牧方式经营草地,山上、草甸都可以放牧,牛、羊活动范围大,食用牧草种类多,对牛、羊更为有利,他们认为牛、羊一直食用同一个地方的牧草不易长膘。

关于围栏的地位和作用,可做出的几点结论是:第一,围栏在不同地区的功能和作用不同,在沙区、草原化荒漠区及荒漠区其正面作用较为明显,支持的人较多,在草甸草原及典型草原区其负面作用不容忽略,反对的人较多;第二,在退化、沙化比较严重的地区,围栏对于初期植被恢复作用较强,但当草原植被恢复到一定程度后,围栏的植被恢复作用并不突出,而且可能具有降低草场质量和植物多样性的作用;第三,无论围栏的作用是正是负,将围栏全部拆除都将是一个重大挑战,因为围栏作为草场地界的功能已经深植于广大草原牧户的心中,短时间内难于改变;第四,围栏对生物多样性的影响尚缺乏系统可信的评估,需开展深入系统的研究回答这一问题。

7.1.4 关于围栏问题的展望

草原围栏作为草地产权(使用权)表达及草地保护的手段,既是社会、经济、技术以及国家政策多种因素影响的结果,又因社会、经济、技术以及国家政策的变化而变化。

不论由调研看还是由文献看,草原围栏现在最明确的功能是产权界限划定,其次才是草原保护。在集体草库伦时期,围栏保育草场的作用明显;在沙区草场及退化草场围封早期,围栏在维护维持草地畜牧业生产效率方面作用显著。围栏表现的最大负面作用是扭转了传统的放牧方式及其所塑造的草原文化,引发分布型过牧、导致抗灾能力变弱、限制野生动物生存和发展、拉大牧民贫富差距。

当今社会、经济和技术的整体演变已不可能允许草地畜牧业经营方式全面恢复到传统游牧。这无疑证明将围栏全部拆除面临的挑战不小。况且,低成本、新材料、新样式围栏的诞生以及新安装技术的出现对围栏建设起着推波助澜的作用。发展新的草原管理制度并将围栏的地权和草地保护功能纳入统筹考虑可能是目前草原保护的不二之选。

草原植被管理受平衡理论、非平衡理论及兼性理论指导。平衡理论基于植物演替理论、根据草原等级和草原承载力情况确定草原退化程度，再根据草地状况计算安全载畜量，核心在于保持放牧压力与草原自然更新的平衡。非平衡理论认为，草地生态转变在一定程度上是由随机因素控制的，具有鲜明的非线性特点，高度可变的气候因子对草地生产力影响很大，确定合理载畜量并不能保证草地从一种状态转变为另一种状态，降低载畜量也未必能增加生产力（孙学力，2008）。鉴于平衡生态系统理论忽视气候变化因素并简化植被动态，而非平衡生态系统理论忽视生态系统规则且更强调外部干扰的作用，有人提出了兼顾平衡理论和非平衡理论的兼性理论：植被动态由放牧和气候变化共同影响，存在尺度效应；在大空间尺度分析时平衡理论更为有效，能推演出过牧导致草场退化，在小空间尺度分析时，非平衡理论更为有效，能推演出牲畜移动受限导致草场退化。兼性理论的核心在于关注草原资源的时空异质性。在很小的空间范围管理自然资源难于应对小范围的诸多变化，而草原管理制度本身恰恰以适应变化性、不确定性和弹性为目标（张倩 等，2008）。从兼性理论出发，重视草原资源的时空异质性、克服围栏在适应变化性、不确定性和弹性上的限制，消除分布型过牧，是保育草地以及维持草地畜牧业健康发展的着眼点（张倩 等，2008）。

草原文化的核心在放牧，而放牧的核心在放牧系统单元（任继周 等，2011a）。虽然草畜双承包制度假定：如果过牧后果由牧民自己承担，他们就会自觉限制牲畜数量。但有学者指出附加条件是资源稀缺时，即在资源稀缺时人们才愿意承担相应费用（韩丽敏 等，2020）。围栏作为“牲畜承包到户、草地承包到户”的重要实施手段在很大程度上造成了草地的“集中破坏、集中治理”，使草地保护和建设规划难于落到实处（刘志民，2006）。围栏及其所承载的草畜双承包并不完全适合于草原管理（任继周 等，2011a）。

在承认围栏产权界限划定功能的前提下，围栏建设应与采用的放牧制度密切关联。可以探讨既考虑围栏作用又考虑草地畜牧业性质的草地管理新方式，划区轮牧可能是选项之一。

放牧不仅塑造了草原居民贴近自然的生活方式，还影响了草原民族管理和军事单位的模式，锻造了牧民的忍耐力与冒险精神，催生了游牧人群独有的艺术形式，刻画了牧民的自然伦理观，既是草原文化发生和发展的驱动力，又是草原文化基因传承的载体（任继周，2012；文明 等，2021）。保留放牧系统单元就能传承草原文化，而在现阶段采取保持放牧系统单元完整性的划区轮牧则是传承草原文化的关键（任继周 等，2011b）。进行划区轮牧，围栏的作用是不言而喻的。

缩减围栏项目和规模、调整现有围栏形式和规模、提高围栏的时空灵活性以适应放牧方式的改变可能是未来围栏建设最需着力解决的问题。

目前关于围栏与动、植物多样性关系方面的系统研究尚非常缺乏，值得给予特殊关注。

7.2　划区轮牧

7.2.1　划区轮牧的原理和特点

放牧是人类针对家畜的牧食行为对草地进行管理、利用的农业、畜牧业生产活动，是草地管理的基本手段（任继周，2012）。选择合理放牧管理系统对于草地生态系统多样性维持以及草畜产品生产力提高具有积极作用(刘娟 等,2017)。

划区轮牧是草地放牧管理的一种形式,其明显特点是将草地划分成区块,一个畜群在各个区块间按时间顺序轮流放牧。1798年欧洲学者Currie首次提出划区轮牧的概念,南非于1887年开始倡导划区轮牧。目前,欧洲、新西兰、美国的湿润地区和非洲的部分地区实行划区轮牧(刘娟 等,2017)。划区轮牧具体实施是将大约可供畜群一定时间牧草的一块草地作为一个轮牧小区,用4～8个轮牧小区构建一个轮牧单元;用一或几个轮牧单元构建一个季节轮牧区;用几个季节轮牧区构建全年草地轮牧场;用若干季节轮牧区构建年际或年代际轮牧体系(任继周 等,2011a;周道玮 等,2015)。现在,国际上已通过利用农业和工业先进技术,针对不同草地类型、不同家畜类别和生产目标研发了日臻完善的划区轮牧技术系列,包括放牧场轮换体系、延迟放牧-休牧-轮牧体系、条带-跟进放牧体系、日粮放牧体系、轮牧-舍饲体系等(任继周,2012)。

成功的划区轮牧应满足如下标准:最大化放牧天数,优化饲草产量和质量进而匹配牲畜生长需要;最小化饲草储存和其他补饲,最大化单位面积的牲畜生产;适合特定区域的土壤、植物、气候条件;与牲畜数量和类型匹配;放牧程度均匀;营养循环合理;减少选择性采食的效果明显,能避开某些植物的脆弱期;实践性好、效益高(周道玮 等,2015)。

划区轮牧作为草地放牧管理的现代化形态,已经成为草地农业系统的核心(任继周 等,2011a;任继周,2012)。其优势在于:第一,整合土壤—植物—动物—气候—地形诸要素,关注放牧时间、载畜率、放牧频次及选择性采食等关键要素,涵盖正常放牧、延迟放牧和一定期限的休牧(任继周 等,2011a;周道玮 等,2015);第二,通过充分利用饲草生长旺季的高营养特性,借助季节性和区块性放牧,让草地间隔性休牧,实现再生恢复,为牲畜采食提供最佳营养状态的饲草,满足牲畜生长以及繁殖需要(刘娟 等,2017),第三,与连续放牧往往获得单位动物的高产量不同,划区轮牧能获得单位面积的动物高产量;第四,在高载畜率或草地牧草短缺的情况下,划区轮牧的优势更为明显(刘艳,2004);第五,划区轮牧在干旱荒漠区的作用更加突出(李勤奋 等,2003)。

划区轮牧的主要积极作用包括:(1)降低牲畜践踏,减弱土壤侵蚀,分散牲畜排泄,维持土壤物理结构稳定,保持土壤N、P、K等营养元素的良性循环;(2)充分适应牧草生物学特性,改进植被结构和成分,提高牧草产量和品质;(3)增加畜产品的数量,减少寄生虫侵染率和肠胃疾病,生产健康、优良的畜产品(李勤奋 等,2003;周道玮 等,2015;刘娟 等,2017;赵成振 等,2018);(4)传承草原文明(任继周 等,2011a)。

划区轮牧的缺点包括:(1)操作比较复杂。依据载畜率、放牧时间、放牧频次以及选择性采食等确定轮牧制度的过程比较复杂且具有很大的不确定性;(2)与划区轮牧配套的围栏、施肥、浇水等的管理成本较大(周道玮 等,2015;刘娟 等,2017;赵成振 等,2018);(3)在半干旱及干旱草地,由于生长季较短、用以调节牧草生长的时间有限,轮牧周期调控难度相应加大(张智起 等,2020);(4)当遇到旱年或是牲畜超过草地承载能力时,划区轮牧的作用不很明显(张智起 等,2020)。

7.2.2 关于划区轮牧的争议

目前,学术界对划区轮牧的效果尚存在争议,主要有三种观点。第一种观点认为,划区轮牧能提高牧草产量、牧草利用率和家畜生产,优于自由放牧(张智起 等,2020);第二种观点认为,划区轮牧在家畜生产方面不如自由放牧好(刘艳,2004);第三种观点认为,在提高牧草产

量、牧草利用率和家畜生产方面，划区轮牧与自由放牧无明显差别(刘艳，2004，张智起 等，2020)

关于划区轮牧效果，有多种学说对其加以解释。第一种为草地状况调控说，它认为，草地状况良好时，划区轮牧与自由放牧相差不大，草地状况较差时，划区轮牧表现优势。第二种为放牧压力调控说，它认为，放牧压力影响划区轮牧效果，只有在高载畜率或草地牧草短缺时划区轮牧才显示出优越性(刘艳，2004)，但如果放牧压力过高、草地利用程度过大则会抑制植物补偿性生长，划区轮牧的优势仍然体现不出来。第三种为降水调控说，它认为，降水影响划区轮牧效果，轮牧在牲畜增重和牧草生产方面所以不优于连续放牧，主要是因为草地休养期间没有获得充足降水，划区轮牧最适合在湿润且降水量波动较小的草原上实施(张智起 等，2020)。

7.2.3　关于划区轮牧的调研结论

调研主要针对下述问题：划区轮牧在哪些地区能够施行？划区轮牧的效果如何？有哪些划区轮牧的成功模式？

调研显示，划区轮牧可分为普遍施行和局部施行两类地区。普遍施行地区以鄂尔多斯市为代表，牧户能够区分夏季牧场与冬季牧场进行划区轮牧，在鄂温克旗，80%的牧户能做到划区轮牧。局部施行地区分布在通辽市(如扎鲁特旗)、兴安盟(如科尔沁右翼前旗)、呼伦贝尔市(如鄂温克旗)、锡林郭勒盟(如苏尼特右旗)和巴彦淖尔市(如乌拉特后旗)，一些草场面积较大(6000 亩以上)的牧户单户或联户经营草场，分冬、夏季牧场实施了划区轮牧。

不同行政区域间、不同自然区域间、不同农牧民之间在实施划区轮牧上存在差异。总体上看，东部区划区轮牧实施较差，西部区划区轮牧实施较好。东部草甸草原及典型草原区的牧民对划区轮牧相对冷漠，很多牧户认为，只有草地面积足够大(6000 亩)才能实施划区轮牧，如果草地面积小，再加之轮牧时间短，牧草长不佳，轮牧效果便不明显；个别牧户认为划区轮牧增加了放牧密度，并不利于草地维护。调研发现，有的牧户即使拥有 2 万余亩草场，也未施行划区轮牧。西部荒漠草原及荒漠区的牧民对划区轮牧比较热衷，很多牧户认为，如不实施划区轮牧就不能维持脆弱草场的生产力，草地面积大小不应该作为是否实施划区轮牧的依据。无论如何，绝大多数牧民认为划区轮牧有利于保护草场。

西部鄂尔多斯市林草局的领导指出，在生态脆弱地带，成功的草地经营必须将围封禁牧、划区轮牧、流沙治理结合起来。因此，在这一地区，草原工作者、基层政府与牧户一起总结了一些具有推广价值的划区轮牧模式。鄂托克旗的白音乌素嘎查(村)能全部做到划区轮牧，所调研的 4 个牧户分别实施 4 区轮牧、6 区轮牧、11 区轮牧、15 区轮牧，其中进行 15 区轮牧的牧户只有 6000 亩草场，仍然做到了按季节、按草场植物类型、按畜种轮牧。

关于划区轮牧的实施，可做出的几点结论是：第一，划区轮牧目前并不普遍，只在少部分地区得以实施，是否实施划区轮牧的决策并不仅由草地面积决定，还由草地保护意识和草地管理能力决定；第二，划区轮牧在荒漠区及沙区草场更受重视；第三，目前存在好的划区轮牧典型，值得借鉴和推广。

7.2.4　关于划区轮牧的展望

草原管理需要实现现代化，其标志是草场边界明确、产权受到法律保护、草地建设完善、后生物生产层发达、市场交易与金融系统融合、产品的加工和流通等活动符合市场规范、构建农-林-牧耦合的放牧系统、草原文化得到传承等。现在,草原管理正在朝现代化转型。

虽然舍饲是非常必要的家畜管理方式,在畜牧业现代化的进程中不可或缺,但它并不是基本形式。草地畜牧业现代化离不开最基本、最经济的草原管理方式——放牧(任继周,2012),如果离开了放牧,草地畜牧业、草地生态和草原文明都将失去依托。保留人居、草地和畜群的放牧系统单元,组建牧民合作社利用现代化技术改造既有放牧方式是草地放牧现代化的出发点,保护草原生态系统、全盘规划草地农业系统、实施划区轮牧则是草原管理现代化的基本方向(任继周,2012)。

划区轮牧不只受学者推崇,也受国家倡导(张智起 等,2020)。但是,自由放牧、连续放牧及舍饲圈养尚是目前畜牧业经营的主体形式,划区轮牧的潜在价值还没有得到完美体现。诸多因素限制了划区轮牧的实施。第一,一些相关部门未把放牧当作管理草原的有效手段,它们基于"放牧破坏草原"的假定,把"禁牧"作为草原保护的不二之举,划区轮牧因而难于获得政策和项目支持;第二,人们对从 19 世纪末到 20 世纪初发生在世界其他地方的草地放牧现代化缺乏认知,认为放牧与现代化格格不入,作为放牧的一种形式的划区轮牧自然就难于纳入牧业发展规划的主流;第三,人们认为与舍饲圈养相比,放牧是更加落后的生产方式,不应被提倡,而应被取代,其结果是划区轮牧被列入摒弃行列;第四,人们认为"天然草地生产力低下,应以栽培草地代替天然草地",以利用天然草地为核心的划区轮牧便被置于弃置地位;第五,人们没有把维护草原文明放在应有地位,忽视了草原文明植根于草原放牧这一基本逻辑,未理解传统游牧方式所承载的草原文明必须由现代化的放牧方式予以赓续,因此可由现代化技术装备的划区轮牧未得到应有重视(任继周 等,2011a);第六,划区轮牧技术复杂,操作难度大,既有放牧习惯和低下的牧民受教育水平客观上形成了对划区轮牧的抵制(赵成振 等,2018)。

普遍实施划区轮牧尚面临一些重大挑战。首先,目前的政策和草原建设方式尚不利于维护放牧系统单元的完整性及划区轮牧的实施。虽然国家政策和项目鼓励并支持在草原开展围栏及水井等的建设,推进林、路、水、电、居民点的系统建设、着力打造草原新村,但这些建设多为基本建设,偏离草地畜牧业现代化发展这一灵魂,游离于划区轮牧这个核心之外,好看不好用,其实质是认识和意识制约。其次,技术设计和实施难度大制约了划区轮牧的实施。与划区轮牧实施效果相关的因素繁多。其设计需要以单位时间产草量确定载畜率、用拔节期指示春季放牧开始时间、以开始恢复再生的时间决定放牧天数、以放牧间隔日数决定放牧频次、通过计算确定区块数及区块面积。开展划区轮牧还要考虑牲畜采食行为、饲草质量和营养、补饲、牲畜饮水等要素。要素确定与量化对专业人员是不小的挑战(周道玮 等,2015)。

实施划区轮牧应注重开展下述工作:(1)建立优化的区域划区轮牧制度。划区轮牧效果取决于植被类型、家畜类群、曾经以及当下的载畜量、区块设计的合理性以及划区轮牧的实效性。最好的管理对策是将适应性强的载畜量与经审慎推算的区块集约型放牧系统进行搭配,在理论计算和实验的基础上优化牧区轮牧制度(刘娟 等,2017)。(2)政府给予政策和资金扶持,降低牧民划区轮牧成本。划区轮牧配套设施围栏、机井等的建设花销较大,应予以补贴或开发低成本和高效益的围栏和打井技术。(3)综合应用现代化技术进行划区轮牧设计和管理。将草原遥感、数据模拟、智能化放牧管理技术应用到划区轮牧实践中,藉以提高划区轮牧的实施和管理效率。

7.3　超载及偷牧

7.3.1　超载及偷牧的危害

草畜平衡是指在一定区域和时间内通过草原和其他途径提供的饲草、饲料量与饲养牲畜所需的饲草、饲料量相匹配的畜牧业发展情形。如果牲畜数量超过饲、草料所能供养的数量则出现超载。超载的危害大致有如下方面：(1)导致草地生物量减少，抑制优质牧草生长，促进有毒、适口性差和营养价值低的植物繁衍；(2)导致草地表土层破坏、形成土壤沙化和盐渍化，造成土壤质地变粗、硬度加大、肥力下降，改变土壤微生物组成、结构和生理活动；(3)导致草地食物链缩短、简化生态系统结构；(4)导致草地自我恢复功能降低或丧失；(5)通过粪肥污染大气和水环境(董婷，2011；韦惠兰 等，2017)。

超载被认为由自然因素和经济因素共同驱动(董婷，2011)。草畜平衡是"人""畜""草"间的动态平衡。"人"的因素对超载过牧贡献较大，牧户规避风险、追求个体利益最大化引发超载(胡振通 等，2017)。气候和土壤变化造成的草地生产力时空异质性能引发超载(徐斌 等，2012)。草地资源的减少和牲畜的激增之间的矛盾增大以及可利用草原面积减少是超载的直接原因，过度追求牲畜数量是超载的间接原因(董婷，2011；侯向阳 等，2015)。

偷牧是违反禁牧及休牧规定进行放牧的行为。"舍饲禁牧"是指将牲畜进行圈养，在一定时间内(半年或全年)禁止放牧，其核心是"禁牧"。禁牧将草地使用权从牧民移回政府，欲实现两个目标即保护草场和维护牧民利益。政府通过舍饲禁牧补贴(用于购买草料)维护牧民利益。"舍饲禁牧"使牧民劳动力投入以及放牧成本增大，基层牧民不适应，于是造成政府设定目标与牧民追求经济利益的目标间的巨大分歧(贾婧，2015)。为了减少放牧成本、增加收益，牧户便采取偷牧、夜牧、晨牧等(夜牧是晚上 6:00 以后，晨牧是早上 3:00—4:00 放牧)，有时白天也有偷着放牧的违规放牧行为(伊丽娜，2015)。偷牧程度取决于牧户的养殖规模、偷牧利润以及偷牧罚款金额(刘宁 等，2013)。在已知政府会惩罚的情形下仍然实施偷牧意味着牧户觉得用这部分风险成本换取偷牧利益非常划算(王磊 等，2010)。

7.3.2　关于超载及偷牧的调研结论

超载在调研区主要有两种表现，一种是羔羊不计入草畜平衡清点范围的超载，另一种是羔羊计入草畜平衡清点范围的超载。偷牧也有两种表现，一种是严格监管下的偷牧行为，另一种是疏松监管下的偷牧行为。从调研结果看，无论超载还是偷牧都是普遍存在的现象，且不计羔羊的超载及疏松监管下的偷牧更为普遍。调研所及的旗县包括扎鲁特旗、科尔沁右翼中旗、科尔沁右翼前旗、鄂温克旗、陈巴尔虎旗、东乌珠穆沁旗、西乌珠穆沁旗、苏尼特右旗、四子王旗、乌拉特后旗、阿拉善左旗、鄂托克旗的草原工作者和牧户都坦承存在不同程度的超载现象，如按草畜平衡规定计算，有的旗县超载达 8～10 倍，几乎所有牧户都超载。调研所及的翁牛特旗、科尔沁左翼后旗、扎鲁特旗、科尔沁右翼中期、科尔沁右翼前旗、四子王旗、乌拉特后旗、鄂托克旗的草原工作者和牧户都坦承存在不同程度的偷牧现象，"既拿补贴、又放牧""白天禁牧、晚上偷牧"是主要表现形式。在赤峰，受理草原管理方面案件每年 3000 起中就有 2000 多起涉及禁牧。

超载及偷牧形成的原因较为复杂，可大体分为两种类型：一种是侥幸型，另一种是被迫型。

侥幸型超载或偷牧者的行为依据是超载或偷牧成本很小,可以通过冒很小的风险获取很大的利益。被迫型超载或偷牧者由下列因素驱动其行为:(1)人均或户均草地面积小,维持生计难度大;(2)草畜平衡、禁牧、休牧等的补奖标准低,不足以支撑正常牧业行为;(3)休牧期过长,低水平收入者难以维持正常牧业行为;(4)基础设施缺乏,难以支撑舍饲圈养;(5)人工种草难以落实,缺乏额外饲草补给(科尔沁右翼中期的一个村干部反映,对于无资金购买草料的牧户,储存的饲草料喂完后,为不让牛、羊饿死会选择偷牧);(6)一些技术规定不尽合理,额定载畜量偏低,有时规定的载畜量不适合特定草地类型。从总的情况看,被迫型超载或偷牧是主流。

关于超载和偷牧问题,可做出的几点结论是:第一,超载和偷牧现象现在非常普遍;第二,绝大多数超载和偷牧行为都属被迫型,与牧民生计密切相关;第三,退牧还草工程目前对解决超载和偷牧问题较为乏力。

7.3.3 关于超载及偷牧的展望

众多研究表明,草地超载形势依然严峻(徐斌 等,2012;杨理,2013;潘建伟 等,2020;王娅 等,2020;关士琪 等,2021)。文献显示,超载行为大体表现如下趋势:第一,固定资产多对超载有促进作用,草地面积大对超载有抑制作用,中小规模的牧户家庭更容易发生超载,劳动力数量大和身体健康对超载有促进作用,对制度信任程度大及组织规范度高对超载有抑制作用(胡振通 等,2017;关士琪 等,2021);第二,单户经营的超载率和超载程度明显高于联户经营的,以大规模牧户为主的中联户的超载率和超载程度最低(韦惠兰 等,2017);第三,草原类型和牲畜存栏数量显著影响牧户对草场超载的认知和判断,户主文化水平、性别、民族和地位亦显著影响牧户对超载的认知和判断(侯向阳 等,2015)。

生态保护政策既需考虑草场生态状况,又需考虑牧民生计。学者们建议可尝试诸多草地经营管理体制以遏制超载与偷牧。第一,草原保护和利用的社区参与体制。农牧民需要积极参与家园保护和建设决策(赵玉洁 等,2012;刘宁 等,2013)。作为基层管理组织的村委会能体现重要的生态环境保护作用。国家、地方政府、村民多方参与,借助村委会和村民的自治组织能力,可完善草地管理和建设体制,提高草原保护效率(董婷,2011;伊丽娜,2015;胡振通 等,2017)。第二,草地联户承包机制。联户承包模式比单户承包模式更能缓解草地压力,降低超载概率。在完善草地流转机制、探寻适宜的联户规模、加强联户经营政策扶持力度的基础上建立依托社区的草地联户经营模式是草地有效管理的方式之一(韦惠兰 等,2017)。由于中小牧户超载动机强,尤其应鼓励和支持部分中小牧户通过草场流转发展牧民专业合作社,扩大经营规模,提高经营水平(靳乐山 等,2013;胡振通 等,2017)。第三,草地生态补奖差异化机制。草地生态补奖应重点关注草地资源禀赋较差的地区和牧户,将超载程度纳入补偿标准考虑范畴,制定差异化的草原生态补偿标准,实现牧户减畜和补偿的对等关系。中小牧户承担了主要的减畜任务量,减畜造成的收入损失更大,因此,更需要补偿支持。实行生态保护补偿和产业补偿相结合更能发挥补奖效力(韦惠兰 等,2017)。第四,分步式减畜机制。牧户在生产实践中普遍存在缓慢的相互学习倾向,因此,可在使牧户形成一定适应性的基础上再增加减畜力度,并通过建立草原生态补奖长效机制最终实现期望的减畜目标(侯向阳 等,2015)。推进畜牧业、乳业等地方特色行业的发展、扩大人工草地面积、建立饲草料储备可作为技术手段(董婷,2011)。第五,放牧权管理体制。依据草原生态系统的健康质量确定放牧权总量,允许牧民进行放牧权交易,并开拓与之匹配的市场经济优化路径;为提高政府的管理地位,可将一定比例的放牧权赋予政府管理者以便政府通过调控来维持可持续发展(杨理,2013)。第六,生态管护税制度。农牧产品价格应包含生态环境建设成本。应充分发挥市场的价格和供需调节作用，收取生态管护税，建立生态管护税制度，由农牧产品的终端消费者交纳生态管护税（王娅等，2020）。第七，放牧收费机制。政府先依据一定时期农牧户饲养牲畜的数量进行收费，其后根据草原生态情况给予农牧户相应的补贴或惩罚（王娅 等，2020）。第八，草地监测系统。利用传统和现代化监测手段对草原进行长期的连续性高质量监测，洞悉牧草物候、草原生产力、草畜平衡和草原退化现状，评估每户的草原生态状况，考核退牧还草工程实施情况（潘建伟等，2020）。第九，加大执法力度、修正草地流转制度缺陷、实行轮牧（董婷，2011）。当然，这些建议对缓解超载和偷牧是否有效，尚需论证和检验。

7.4　草原监管

7.4.1　草原监管的兴起和发展

我国草原在古代主要由曾建立国家的蒙古族、藏族、党项族和满族等少数民族经营，最有代表性的草原保护法规的主要有蒙古草原保护法规、青藏高原草原保护法规和西夏草原保护法规3种（蒲小鹏 等，2011）。

草原立法对草原监管至关重要。新中国的第一部《草原法》于1985年制定，其实，早在其颁布之前，一些省（自治区）就出台了地方性的草原管理法规。如，1983年内蒙古自治区颁布了《内蒙古自治区草原管理条例（试行）》，1984年内蒙古自治区人大通过了《内蒙古自治区草原管理条例》，并于1985年1月1日起施行；1983年宁夏回族自治区颁布了《宁夏回族自治区草原管理试行条例》；黑龙江省于1984年颁布了《黑龙江省草原管理条例》；新疆维吾尔自治区于1984年出台了《新疆维吾尔自治区草原管理暂行条例》等。为适应草原保护建设发展需要，全国人大常委会于2002年年底对《草原法》进行了修订，并于2003年3月1日起施行。新修订的《草原法》法律条款从原来的23条增加到了75条。2005年1月农业部颁布实施《草畜平衡管理办法》。2012年10月，最高人民法院出台了《关于审理破坏草原资源刑事案件应用法律若干问题的解释》。农业部先后出台了《草种管理办法》《草原征占用审核审批管理办法》和《草畜平衡管理办法》等规章。各地也先后出台了一系列地方性草原法规。2010年上半年，财政部、国家发展和改革委员会依据《草原法》，制订并印发了《关于草原植被恢复费收费标准及有关问题的通知》（刘加文，2013）。

1985年颁布的《草原法》只是一般性地规定了草原保护规范，并没有规定草原犯罪及其刑事责任。2003年修正的《草原法》既规定了一般性的草原保护规范，又规定了六条严重危害草原的犯罪行为，但其存在的问题是“有规范而无效力”，六条草原犯罪不能适用或难以适用，其中最常见且危害最为严重的“开垦草原罪”无论如何都无法适用。2012年颁布的《最高人民法院关于审理破坏草原资源刑事案件应用法律若干问题的解释》，明确了“开垦草原罪”等罪名的定罪量刑标准，增加了对屡犯和阻碍草原执法以及抗拒草原法律法规行为的罪名，补充了相关单位犯罪的处罚规定，首次实现了《草原法》与刑法典的对接。按《最高人民法院关于审理破坏草原资源刑事案件应用法律若干问题的解释》，开垦草原只要达到20亩，就有可能被追究刑事责任（刘晓莉 等，2013；古力克孜·拜克日 等，2022）。

草原执法是草原监管的依托，监管组织、监管方式等均影响执法效果。截至2012年年底，全国县级以上草原监理机构已达854个，草原监督管理人员9600多人。全国还有村级草原管护员 6.6 万余人(刘加文,2013)。

7.4.2 草原违法和执法情况

2009—2018 年,全国草原违法行为的年发案数量总体呈现波动下降趋势,2009 年发案数量最多达到 28623 起,2018 年发案数量 8199 起,为近 10 年最少;其中内蒙古草原违法发案数量最多,占到全国发案数量的 70%以上,其次是新疆、宁夏、吉林、黑龙江四省(区)。全国年立案数量从 2009 年的 27162 起减少到 2018 年的 7975 起,各年立案率均保持在 93%以上;年结案数量保持在较高水平,各年结案率均在 95%以上(刘源 等,2019;刘源,2015;缪冬梅 等,2013)。

从移送司法机关处理案件数看,2009—2011 年移送司法机关案件数量较少,每年低于 100 起;2012 年和 2013 年移送司法机关案件数量分别为 125 起、279 起,年增长幅度加大;2014—2016 年移送司法机关案件数量分别为 621 起、568 起和 605 起,较之前年份大幅度增加。出现这种状况的原因在于国家从 2013 年开始执行《最高人民法院关于审理破坏草原资源刑事案件应用法律若干问题的解释》,农业部也将 2013 年确定为草原执法监督年,对草原违法行为的查处力度较之以前加大。2017 年和 2018 年移送司法机关案件数量分别为 326 起和 342 起,较 2016 年减少 4～5 成(表 7-1)。这种态势表明各地已经深入落实了草原法律法规、大力运用了草原司法解释,加强了草原行政执法与刑事司法的衔接,破坏草原资源的违法行为得以惩处,不法分子受到强力震慑,草原资源保护得到强化。

从提起行政复议或者行政诉讼案件数看,2009 年该类案件数最多,达到 139 起,之后各年的案件数大幅度减少,2012—2014 年案件数分别为 30 起、30 起和 25 起,2016 年案件数为 11 起,其他各年案件数为个位数,保持在较低水平,而 2018 年无行政复议或行政诉讼案件发生(表 7-2)。

从破坏的草原面积看,2014 年草原破坏面积最大,为 31.38 万亩,其中新疆和内蒙古草原破坏面积分别为 15.14 万亩和 10.38 万亩,两区合计占比 81.3%;2009 年、2010 年和 2013 年草原破坏面积分别为 20.48 万亩、23.35 万亩和 22.97 万亩,其中内蒙古、新疆、宁夏、吉林、黑龙江等省(区)草原破坏情况较为突出;其他年份破坏草原面积均在 10 余万亩,破坏草原面积较大的省(区)包括内蒙古、新疆、吉林、黑龙江和青海等省(区)(表 7-3)。

表 7-1 2009—2018 年全国草原违法案件及查处情况

年份	发案数量	立案数量	结案数量	立案率(%)	结案率(%)	移送司法机关处理案件数	提起行政复议或者行政诉讼案件数	破坏草原面积(万亩)
2009	28623	27162	26780	94.9	98.6	33	139	20.48
2010	20462	19477	19122	95.2	98.2	75	8	23.35
2011	17245	16508	16111	95.7	97.6	96	5	16.17
2012	18651	18060	17670	96.8	97.8	125	30	12.01
2013	19185	18767	18462	97.8	98.4	279	30	22.97
2014	18998	17848	17423	93.9	97.6	621	25	31.38
2015	17020	16427	16066	96.5	97.8	569	3	18.04
2016	15705	15386	14982	98.0	97.4	605	11	13.74
2017	13761	13449	13083	97.7	97.3	326	2	11.32
2018	8199	7975	7586	97.3	95.1	342	0	11.47

注:数据来源于国家林业和草原局《2018 年全国草原违法案件统计分析报告》。

表 7-2　2009—2018 年各省(区)草原违法发案数量

省份＼年份	2009	2010	2011	2012	2013	2014	2015	2016	2017	2018
甘肃	144	804	54	94	119	160	47	28	46	231
河北	84	79	23	6	17	34	48	16	14	11
黑龙江	502	430	363	510	240	180	103	237	163	165
吉林	823	682	1009	846	522	862	562	233	149	168
辽宁	17	8	18	16	14	21	15	16	42	7
内蒙古	25457	17553	14876	16226	17067	16016	14646	13735	12079	6459
宁夏	694	396	363	326	241	702	301	140	362	271
青海	126	95	88	84	33	146	121	58	138	112
陕西							95	59	2	15
四川	192	164	117	155	204	138	712	429	451	421
西藏										14
新疆	497	238	315	354	715	724	362	398	174	233
新疆兵团	87	13	19	34	13	13	6	6	16	3
云南						2	2	350	125	89
总计	28623	20462	17245	18651	19185	18998	17020	15705	13761	8199

注：数据来源于国家林业和草原局《2018 年全国草原违法案件统计分析报告》。

表 7-3　2009—2018 年各省(区)草原违法行为破坏草原面积(亩)

省份＼年份	2009	2010	2011	2012	2013	2014	2015	2016	2017	2018
甘肃	1094	28162	510	9278	3237	7231	5843	1931	1841	3896.4
河北	739	449	242	18	268	570	851	325	1199	177
黑龙江	32530	17999	32504	24332	2988	16280	1649	14965	13588	10295
吉林	39061	18596	34485	34240	10412	25976	31114	2920	16336	16249
辽宁	41	49	366	50	48	27	40	10	1880	143.07
内蒙古	72089	77224	66530	32290	28805	103801	56240	99081	43728	29230
宁夏	3429	31064	6511	730	33538	1701	1095	1420	6666	1410.7
青海	473	513	4542	819	44	5855	34220	489	792	45000
陕西							416	1160	15	15
四川	11224	7621	3198	5080	2110	531	3076	1250	5633	210.82
西藏										547.49
新疆	43811	51656	32774	12581	148193	151447	45711	13719	19258	7246.1
新疆兵团	314	190	95	707	38	129	3	2	2245	236.26
云南						150	97	97	61	55.25
总计	204805	233523	181757	120125	229681	313698	180355	137369	113242	114713

注：数据来源于国家林业和草原局《2018 年全国草原违法案件统计分析报告》。

结合草原违法类型分析(图 7-2)，2009—2018 年草原违法行为以违反草原禁休牧规定为主，除 2018 年发案数量 6216 起外，其他年份发案数量均在 1 万起以上，该类型发案数占各年发案总数的 75%～82%；其次为违反草畜平衡规定和非法开垦草原，两种类型发案数量合计在 1000～4500 起之间，占各年发案总数的 11.8%～17.2%；非法临时占用草原、非法征收征用使用草原、非法采集草原野生植物、违反草原防火法规、买卖或非法流转草原及其他违法情形的发案数较少，合计占各年发案总数的10.5%以下。

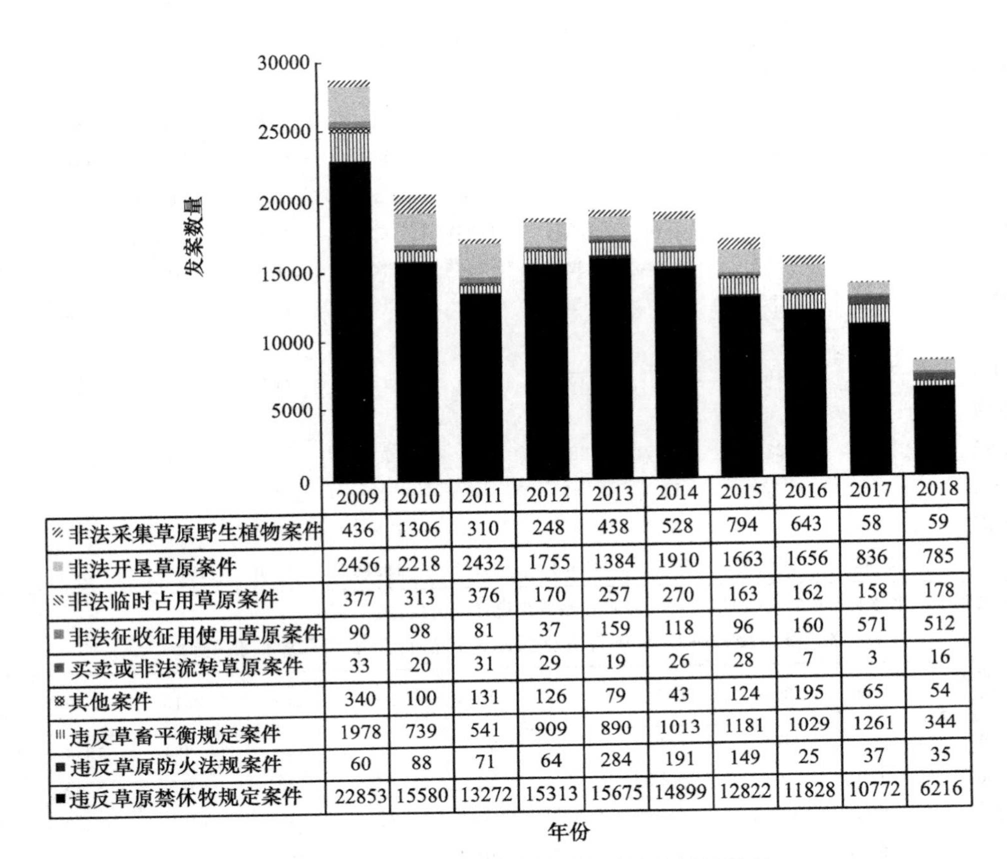

	2009	2010	2011	2012	2013	2014	2015	2016	2017	2018
非法采集草原野生植物案件	436	1306	310	248	438	528	794	643	58	59
非法开垦草原案件	2456	2218	2432	1755	1384	1910	1663	1656	836	785
非法临时占用草原案件	377	313	376	170	257	270	163	162	158	178
非法征收征用使用草原案件	90	98	81	37	159	118	96	160	571	512
买卖或非法流转草原案件	33	20	31	29	19	26	28	7	3	16
其他案件	340	100	131	126	79	43	124	195	65	54
违反草畜平衡规定案件	1978	739	541	909	890	1013	1181	1029	1261	344
违反草原防火法规案件	60	88	71	64	284	191	149	25	37	35
违反草原禁休牧规定案件	22853	15580	13272	15313	15675	14899	12822	11828	10772	6216

图 7-2　2009—2018 年各类草原违法案件发案数量

注：图表根据国家林业和草原局《2018 年全国草原违法案件统计分析报告》绘制

2009—2014 年，全国各类草原违法案件移送司法机关案件总数量快速增加，2014—2016 年保持在 600 起左右的较高水平，2017—2018 年有所减少，依然保持在 300 起左右的高水平。各年非法开垦草原的案件是移送司法机关处理案件的主体，占各年移送案件总数的 81.5%～93.8%。移送司法处理的非法征收征用使用草原案件在 2015 年、2017 年和 2018 年较多，分别为 29 起、33 起和 59 起，远高于其他年份。其余移送司法机关处理的各类草原违法行为案件多为个位数，特别是非法采集草原野生植物案件、违反草畜平衡规定案件在十年间未有一起移送司法机关处理（图 7-3）。

破坏草原以非法开垦草原、非法临时占用草原和非法征收征用使用草原三类草原违法行为为主，尤其是非法开垦草原是罪魁祸首。2009 年非法开垦草原面积占草原破坏总面积的比例为 80.2%，2010 年非法开垦草原面积占草原破坏总面积的比例为 64.4%，2011—2015 年非法开垦草原面积占各年草原破坏总面积的比例在 75%～91%之间，2016 年和 2017 年非法开垦草原面积比重降低，分别为 62.3%、68.1%，2018 年非法开垦草原面积比重为 10 年间最低，仅为 44.6%。2016 年和 2018 年，非法征收征用使用草原面积占各年草原破坏总面积的比重分别为 33.0%和 50.5%，其余各年的比重低于 20%。非法临时占用草原破坏草原面积除 2010 年所占比重为 29.1%外，其余各年的比重均低于 12%。2018 年，非法采集草原野生植物破坏草原面积 0.12 万亩，为十年间首次出现(图 7-4)。

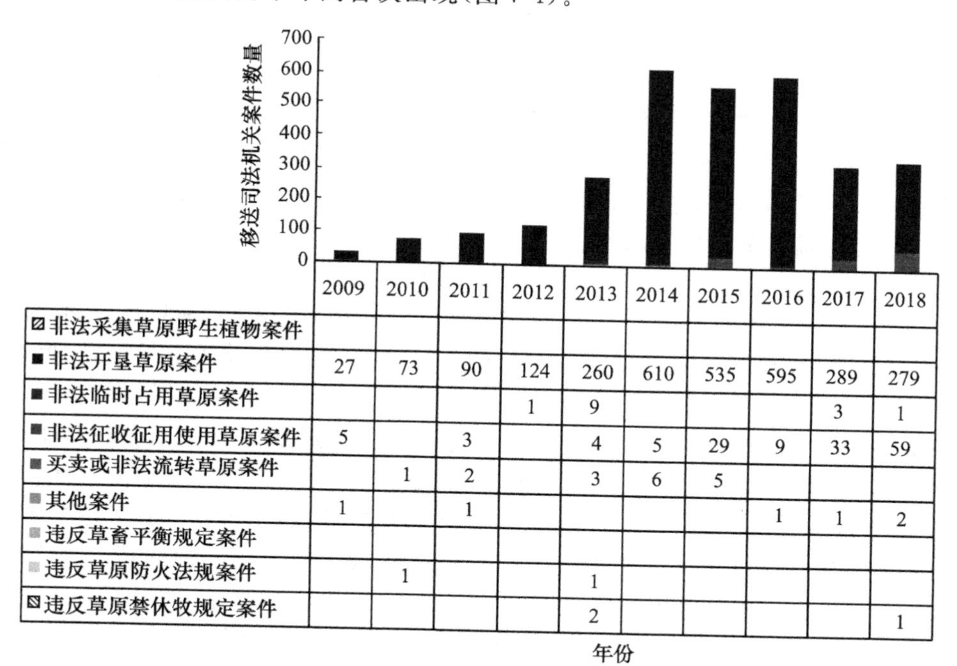

	2009	2010	2011	2012	2013	2014	2015	2016	2017	2018
非法采集草原野生植物案件										
非法开垦草原案件	27	73	90	124	260	610	535	595	289	279
非法临时占用草原案件				1	9				3	1
非法征收征用使用草原案件	5		3		4	5	29	9	33	59
买卖或非法流转草原案件		1	2		3	6	5			
其他案件	1		1					1	1	2
违反草畜平衡规定案件										
违反草原防火法规案件		1			1					
违反草原禁休牧规定案件					2					1

图 7-3　2009—2018 年各类草原违法案件移送司法机关案件数量

注：图表根据国家林业和草原局《2018 年全国草原违法案件统计分析报告》绘制

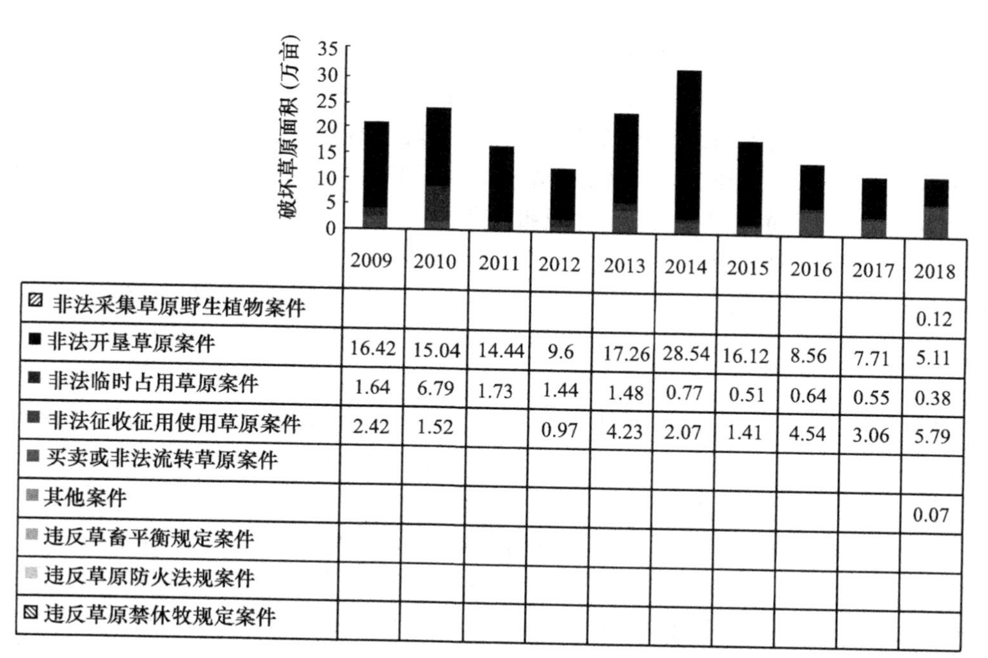

	2009	2010	2011	2012	2013	2014	2015	2016	2017	2018
非法采集草原野生植物案件										0.12
非法开垦草原案件	16.42	15.04	14.44	9.6	17.26	28.54	16.12	8.56	7.71	5.11
非法临时占用草原案件	1.64	6.79	1.73	1.44	1.48	0.77	0.51	0.64	0.55	0.38
非法征收征用使用草原案件	2.42	1.52		0.97	4.23	2.07	1.41	4.54	3.06	5.79
买卖或非法流转草原案件										
其他案件										0.07
违反草畜平衡规定案件										
违反草原防火法规案件										
违反草原禁休牧规定案件										

图 7-4　2009—2018 年各类草原违法案件破坏草原面积

注：破坏草原面积年度合计数据不含买卖或者非法流转草原的面积；图表根据国家林业和草原局《2018 年全国草原违法案件统计分析报告》绘制

7.4.3 关于草原监管的调研结论

监管是维护草地质量的最重要措施。大多数草原管理工作者认为，草原应以保护为主，建设为辅。退牧还草工程实施效果的根本保证是监管有力。有鉴于此，调研将草原监管放到了突出位置，重点调研了下述问题：草原监管队伍的人员规模如何？草原监管人员是否能够严格执法？草原行政处罚与刑事处罚是否能够执行？农牧民对草原执法的反应如何？现有监管手段是否能满足草原监管的现实需求？

《草原法》的司法有待充实。《草原法》1985 年出台，虽经 2013 年修订，目前仍对破坏草原入刑界定不明。据一些旗（县）林草局反映，草原监管部门将非法占用、破坏草原的案件移交公安、法院等司法部门，但公安、法院找不到相应的法律依据，拒绝受理或不予立案，很难进行处罚或判刑。类似地，《内蒙古基本草原保护条例》也对很多违规行为的处罚规定不详。虽然在很多场合人们呼吁“加大草原执法力度”，但在难于操作的情形下，草原监管部门难于作为。

《草原法》执法偏轻。草原违法成本极低：开垦 20 亩以上草原才承担刑事责任，超载罚款 100 元/羊单位，偷牧罚款 30 元/羊单位。草原监管采用行政执法，森林监管采用刑事执法，但《草原法》执法较轻，不如《森林法》执法严厉，所以不能有效控制破坏草原的行为。草原工作者呼吁草原监管应变行政执法为刑事执法。

草原监管的责权不匹配。对于超载、偷牧以及草原开荒等违规、违法行为，追究责任的主体是乡镇政府，但执法权却在旗（县）草原监管部门。乡（镇）政府无执法权却要承担草地管护的主体责任，明显属权责不匹配。草原监管部门具有执法权，但在人员短缺的情况下却不能开展实地监管工作并执法，乡镇政府虽能到实地监管，但却只能做说服教育工作，这极大地弱化了草地监管力度。

总体来看，草原监管力度不够，超载及偷牧普遍存在。虽然超载及偷牧行为对牧民来说有“无奈”的因素，但超载及偷牧现象的部分归因仍在于监管不力。

监管不力本身也由“不作为”及“无奈”造成。草原工作人员及相关监管部门对破坏草原的现象视而不见、听而不闻、走人情关系、通风报信等行为是“不作为”的具体表现，虽然非常不利于草地资源保护，但却普遍存在。另外一个造成监管不力的原因是草原管理部门及相关监管人员对破坏草地资源的行径显得颇为“无奈”。造成这种“无奈”的原因包括下述方面：(1)草原监管人员不足。呼伦贝尔市草原监管站和旗县草原监管站有几十个人，要监管约 10 万 km^2 的草原，一个具有 1500～2000 km^2 的乡镇也仅有一个在编监管员从事草地监管。在一些旗县，由于人员短缺，旗县草原监理站难于进行实际监管，具体监管只能交由林业公安及乡镇实施。科尔沁右翼前旗某乡镇能直接从事草原监管的人员 3～4 人，8 个村每村配有 1 名监管员，700 个牧点全跑一遍约 4800 km，但由于无专门用于监管的车辆，根本不能进行认真监管。某乡镇村上无专职监管员，村干部承担监管工作，全村共有 101 个牧点，4 个村干部根本无力完成全部监管工作。(2)草原监管员监管不力。第一，有关部门聘用的监管员属照顾性质，他们天性懒散、能力较低，不能胜任监管工作；第二，由于监管员无执法权，农牧民又不积极配合，监管过程中常常发生冲突，有时还造成人身伤害；第三，监管员是本地人，与一些牧户有亲戚、乡邻关系，碍于情面，只能劝说，不能严管，对村干部更不严管。(3)乡镇政府无执法权，对超载及偷牧行为只能劝告或上报信息，不能实施处罚，致使具有超载或偷牧行为的农牧民对监管不以为然或极不配合。(4)草原执法力度弱、处罚轻。按《草原法》规定，开垦 20 亩以上草原才能承担刑事责任。2004 实行的《内蒙古基本草原保护条例》规定，超载放牧由草原监督管理机构给予警告,逾期未改正的,处以每个超载羊单位30元的罚款。2016年实行的《内蒙古基本草原保护条例》(修订版)规定,超过核定载畜量放牧,逾期未改正的,处以每个超载羊单位100元的罚款;在实行禁牧、休牧的基本草原上放牧的,处以每个羊单位30元的罚款。2018年实行的《赤峰市禁牧休牧和草畜平衡条例》规定,在草原禁牧区、休牧期放牧的,处以每个羊单位30元的罚款,在草畜平衡区域内超载放牧逾期未改正的,处以每个超载羊单位100元的罚款,在农区及其他应当禁牧的区域内放牧的,处以每个羊单位30元的罚款。草原工作者及相关监管部门普遍反映处罚太轻,非常不利于草原管理。科尔沁右翼中旗的牧户反映,对于超载的牧户,草监部门能依规对超载牧户罚款,但由于罚款远低于超载价值,其他牧户见此情景则纷纷效法、不断超载,牛、羊的牧养数量因而大增,在此情形下,"轻罚"实际上起了"鼓励超载"的效用。(5)现行涉及草原的法律对草原违法入刑界定模糊,司法部门难于受理或立案,多数草原违法案件不了了之;相关草原管理条例对破坏草原的行为规定粗糙,在实际监管过程中难于操作。在阿拉善左旗,草原盗挖(苁蓉)盗抓(蝎子)严重,多次形成群体斗殴事件,但一直不能从法律途径解决,至今尚难于控制。(6)缺乏先进的监管手段。在大多数地区未能采用先进监管手段,提高监管效率,从而弥补草原监管员严重不足这一缺陷。

关于草原监管,可做出的几点结论是:第一,草原监管乏力;第二,草原监管乏力是草原持续退化的极其重要原因;第三,草原监管不力主要由体制机制原因造成;第四,很有必要引进先进的草原监管手段;第四,《草原法》及草原管理条例需进一步完善和细化,以增强其可操作性;第五,草原执法偏弱,草原监管责权不匹配,这非常不利于草地资源保护。

7.4.4 关于草原监管的展望

建立强大的草原生态监管体系,确保对草原禁牧和草畜平衡的监管有法可依、违法必究十分必要。目前的草原监管还存在《草原法》立法理念相对滞后、立法内容不够完整以及相关配套法规有待完善等问题。草原确权承包、基本草原划定、草原征占用管理、草原生态补偿、草原刑事法律责任适用性、草原行政法律责任、草原民事法律责任等法律制度尚待完善。草原资源产权和用途管制、草原生态红线保护、草原公众参与、草原生物多样性保护等制度尚待建立。草原立法与相关法律(诸如《环境保护法》《矿产资源保护法》《土地管理法》《森林法》)存在冲突,尚需统筹和协调。草原生态保护的源头预防、过程控制、损害赔偿、责任追究的制度体系尚未形成。非法征用占用草原、开垦草原、违反禁牧休牧和草畜平衡制度的现象还很普遍。守法成本高、违法成本低的问题仍非常鲜明。有法不依、有法难依的问题还十分突出。草原监理执法体系薄弱、机构及装备条件不良等问题尚需大力解决(刘加文,2013;李伟方,2016;冯秀 等,2019)。

根据法学界学者的研究,在草原监管立法方面目前应该着力解决的问题包括:(1)修改《草原法》或颁布《草原法》修正案,细化关于生物多样性保护的规定,补充关于公众参与的内容,细化草原法律责任的相关规定,对偷牧、超载的处罚、对严格执行禁牧和草畜平衡户提供法律法规依据,加强草原刑事法律责任适用性,修改草原附属刑法建议,加强相关司法解释的合理、合法性,增强草原行政法律责任规定,拓宽草原民事法律责任范围,直接在草原附属刑法条文中规定具体的定罪量刑标准等内容,完善修复责任立法,实现民事、行政和刑事责任的有效衔接,建立具体化、精细化的草原生态环境修复责任制度,明确责任主体,对修复责任的基本原则、损害额的认定、修复标准、责任主体以及责任承担方式逐一规制,科学衔接不同救济路径,引入多元监督主体,补充关于修复过程的监督与监管规定;增加《宪法》中关于生物多样性保护的条款;补充《环境保护法》中关于生物多样性保护的内容;颁布《生物多样性保护法》,增设《环境保护法》中关于公众参与的条款(刘晓莉 等,2013;阿其力斯,2018;潘建伟 等,2020)。(2)协调草原立法与相关法律的关系,理顺《草原法》与环境部门法(如《森林法》《环境保护法》《农村土地承包法》《矿产资源法》《防沙治沙法》)和其他部门法(如刑法、民法)的关系(孙建,2014;张利国 等,2014;郭晓岚,2016;青格勒,2017)。(3)加强地方草原立法的先行性,借鉴地方少数民族草原保护传统经验,在保证可操作性的基础上,开展《草原法》的地方配套立法工作,弥补《草原法》的现有缺陷(郭晓岚,2016)。(4)出台《自然资源基本法》。自 1984 年颁布《森林法》以来,全国人大常委会制定了包括《土地管理法》《水法》《水土保持法》《矿产资源法》《草原法》《煤炭法》《野生动物保护法》《渔业法》《节约能源法》《领海和毗连区法》等在内的一大批广义的自然资源法律。但这些法律法规有其层次性和各自功能性。为弥补这些单法的缺欠,应制定主要围绕自然资源的所有和利用,涵盖自然资源的所有权法律制度、勘察测绘法律制度、规划法律制度、使用法律制度以及在使用中如何节约与保护自然资源的法律制度等的《自然资源基本法》(孟磊 等,2018)。

按诸多相关学者的研究,在草原执法方面应注意的问题包括:(1)明确基层草原监督管理机构的法律地位,成立专业的草原保护、禁牧和草畜平衡工作警察队伍,成立专门负责草原承包工作的组织,规范草原承包和草原流转行为,对牧户承包情况数据进行封存归档;(2)增强执法过程中的公众参与,聘请牧民和律师作为监督员,设立草原执法行政监察小组,订立奖惩制度对草原执法人员进行考核,完善县、乡、村三级草原管护联动网络,规范草原管护人员的工作内容,严格执法人员的资格审查制度,提高草管员的工资待遇(郭晓岚,2016;潘建伟 等,2020);(3)改善基层草原执法人员工作和装备条件,提高草原监管的装备水平,突出监控重点,借助无人机、遥感等手段,建设智能化的监管和指挥系统,提升监管的精准度和监管效率,实现监管手段现代化,保证禁牧区全天候监管、夜间重点监控,实现对休牧期、载畜量、养殖大户和外来承租户、沿河两岸和居民点附近的重点监管(潘建伟 等,2020;高博 等,2021);(4)建立健全草原违法事件的举报制度包括畅通的举报渠道、严格的保密纪律、有效的激励机制(潘建伟 等,2020)。

7.5 草原生态补奖

7.5.1 草原生态补奖政策的出台及目标

草原生态补偿的政策内容包括三个方面:一是禁牧补助,二是草畜平衡奖励,三是牧民生产性补贴(胡振通 等,2016)。草原生态补偿的政策背景包括两个方面:一是超载过牧导致草地退化,二是草原生态保护是多个环境管理手段的结合。草原生态保护是草原生态补偿的第一目标。国家希望通过实施草原生态补偿,实现草原生态保护及牧民增收。

草原生态补奖经历了 3 个阶段:第一阶段(2003—2010 年)为补偿性补贴阶段,从 2003 年开始,国家在内蒙古、新疆、青海、甘肃、四川、西藏、宁夏、云南 8 省(区)和新疆生产建设兵团启动了退牧还草工程,截至 2010 年,中央累计投入基本建设资金 136 亿元;第二阶段(2011—2015 年),补偿性与奖励性补贴并存阶段,自 2011 年开始,国家在草原工程区内全面实行草原生态保护补助奖励机制,包括补助性生态补贴即对禁牧封育的草原中央财政按照 6 元/亩的标准给予农牧户禁牧补助,奖励性补贴即对草原补播、舍饲棚圈、人工饲草等进行奖励性补贴,补播奖励标准由中央投资补助 10 元提高到 20 元,人工饲草每亩投资补助 160 元,舍饲棚圈建设每户补助3000元。第三阶段(2016—2020年),草原生态补奖标准提高阶段,对禁牧补助、草原补播、舍饲棚圈、人工饲草奖励性补贴分别提高到7.5元/亩、60元/亩、6000元/户、200元/亩(钟柳依 等,2016;张会萍 等,2017)。第二阶段资金安排情况为:2011年中央财政安排136亿元资金、2012年安排了147亿元资金、2015年安排了166.49亿元资金。第三阶段资金安排情况是:2016—2018年每年安排资金187.6亿元用于草原生态补奖,2019年起,用于禁牧补助和草畜平衡奖励的资金共计155.6亿元,本项资金单独设立为农牧民补助奖励政策,由农业农村部门继续用于农牧民开展禁牧和草畜平衡的补助奖励,另有绩效奖励资金32亿元由林草部门统筹用于草原生态保护等工作。草原生态补奖政策是我国迄今为止覆盖区最广、资金投入最多的草原生态保护项目(王冬雪,2018;李新一 等,2020;潘建伟 等,2020)。

在第一轮草原生态补奖政策实施中,内蒙古涉及12个盟市2个计划单列市、73个旗(县区)、10.13亿亩天然草原,其中禁牧5.48亿亩,草畜平衡4.65亿亩,涉及146万户、534万农牧民;第二轮补奖涉及旗县增加至75个,草原面积增加至10.2亿亩,其中禁牧区面积减少了1431亿亩,草畜平衡区面积增加了1.501亿亩,同时取消了牧草良种和生产资料综合补贴。第一轮补奖规定对于实施禁牧的草原,给予禁牧户补助6元/亩;对于未超载而实现草畜平衡的草原,给予平衡户奖励1.5元/亩。第二轮禁牧补助标准提高到7.5元/亩,草畜平衡奖励标准提高到2.5元/亩。由于中央草原生态补奖政策给予了地方足够的自主性,因此,内蒙古根据自身特点制定了差异性政策,包括:(1)根据标准亩系数(以全区实施政策区域的天然草地平均载畜能力为1个标准亩,确定其系数为1)概念,通过比较不同区域天然草地实际载畜能力与平均载畜能力获得不同区域的折算系数并确定其补助额度,以消除地区之间因牧草种类不同造成的载畜能力差异引发的不公平;(2)采取保底封顶的办法,保底是指牧户获得的禁牧补贴不得因承包草场面积过小而低于某一额度,封顶则是强调牧户获得的禁牧补贴不能因为所承包的草场面积偏大而高出某一特定金额,保底封顶旨在解决不同牧户之间补贴额度差异过大的问题;(3)不同草原区采取不同的补奖政策,各盟市甚至各旗县可根据自身资源禀赋和牧户情况以及财政拨付资金总额,采取不同的补助奖励政策;(4)不同的生态功能区采取不同的补奖政策,特别关注重要生态功能区的保护;(5)保留了阶段性禁牧政策的部分内容,为牧民提供税收、住房、教育等方面的扶持,提供牲畜良种、购买畜牧业机械等方面的补贴(文明 等,2021)。

7.5.2 关于草原生态补奖政策的调研结论

针对草原生态保护补助奖励,重点调研了下述问题:草原生态保护补助奖励对保护草原的作用有多大?目前的草原生态保护补助奖励标准是否合理,如不合理,什么水平比较合理?草原生态保护补助奖励按何种方式补贴更符合实际?

草原生态保护补助奖励问题比较复杂。第一,草原生态保护补助奖励对草原保护的作用并不像想象的那样明显,对旗县、村和牧户的访谈都支持这一点。有的草原工作者、村干部和牧民直言:草原生态补奖没有起到生态恢复作用,简单发放补贴并不合理,因为部分牧民在得到补贴后还延续之前的放牧方式,草地保护意识并未加强;一些牧民在拿到补贴后进城生活,将草地出租,自己不再从事畜牧业生产,承租者只顾放牧和打草,并不维护草场,在此情形下,补奖对草地保护并未带来益处。第二,草原工作者对目前草原生态保护补助奖励标准的反应不一致,有的认为可以,有的认为偏低。在不同地区,补贴方式不尽相同。就禁牧而言,在调研所及区域,只有少数地区如科尔沁右翼中旗的一些牧户比较认可当前的补奖额度(9.66元/亩),

其他地区多数认为当前的补奖标准偏低。农牧交错区如赤峰市、通辽市等的草原工作者和农牧户对补奖的反应更为强烈，更强调现有补贴过低(实际补助 9.66 元/亩，赤峰市林草局期望达到 20～30 元/亩，通辽市林草局期望达到 30～50 元/亩；通辽市科尔沁左翼后旗林草局建议补贴参照公益林标准，达到 30 元/亩，并将草原和公益林补贴统称为“林草补贴”，由林业和草原局负责制定细则发放；通辽市科尔沁左翼后旗的牧户认为应达到 12～15 元/亩)，理由为，农牧交错区的草地面积较小(人均草地几十至百亩)，补贴过低会导致牧户无法生存(为了保证基本生活所需和经济收入不降低，农牧民饲养牛、羊数量远高于草地载畜量)。就休牧而言，同禁牧一样，只有少数牧户认为现行补贴合理，多数牧户认为现行补贴偏低，在科尔沁右翼前旗的一个乡镇，乡领导及牧户均表示，3.98 元/亩的 6 个月休牧补贴偏低，达到 10 元/亩比较合理(科尔沁右翼中期的一个村干部指出，休牧 6 个月，每亩草地需补贴 16～17 元)。就草畜平衡而言，大多数牧户认为现有补贴偏低。比如，扎鲁特旗的一个牧户表示，3.23 元/亩偏低，6～7 元/亩比较合理；科尔沁右翼前旗的一个村干部表示，草畜平衡补贴由 3.97 元/亩提升到 10～20 元/亩比较合理；西乌珠穆沁旗的一个牧户表示，草畜平衡补贴达到 10 元/亩比较合理。第三，地方承诺匹配的补奖资金不能落实，可能在一定程度上影响了草地保护效果。第四，现行禁牧补奖主要有两种方式：第一种方式是按草原面积补奖，具体实施时可能采取“封顶保底”的方式，以便尽量合理；第二种方式是按人头补贴。但是，部分牧户认为按草场面积补贴不尽公平。第五，禁牧及休牧不仅牵扯禁、休牧期间的饲草料生产及购买，而且涉及到棚圈的建设(科尔沁右翼中旗的一个牧户指出：实行舍饲圈养所需的棚圈、储草棚、青储窖等的全部建设需投资 25 万元左右，政府仅补贴 6 万元，自己需投 19 万元，因而难于承付)，对青储地和农田少的牧户，经济负担尤其大，因此，低额补偿不足以解决草地面积小、饲草料生产不足、基础设施差的牧户的禁、休牧花销，使这部分牧户的经济负担加大，或迫使这些牧户偷牧。

关于草原生态保护补助奖励，可做出的几点结论是：第一，补奖政策对草地的保护作用并不像预期的那么明显；第二，补奖对草地面积大的牧户是一笔可观的额外收入，但对草地面积比较小的牧户却不能补偿禁、休牧的花销，有牧民认为这是“买回了生态，但降低了生活水平”；第三，草地补奖标准和方式需做进一步论证，以使其更加公平、合理。

7.5.3 关于草原生态补奖政策的展望

草原生态补奖作为草地生态保护和草地畜牧业可持续发展的手段，发挥了下述作用，(1)草原利用方式更趋合理，平均牲畜超载率明显下降，草原生态环境得到一定程度改善(胡振通 等，2016；尹晓青，2017；李新一 等，2020)；(2)对一部分政策覆盖区有明显增收效果，并缩小了收入差距，转变了收入结构，拓宽了融资渠道(李新一 等，2020；潘建伟 等，2020；李志东 等，2021)；(3)在一定程度上提高了生产效率(马如意 等，2021)，使牧户福利水平有所提高(康晓虹 等，2020)；(4)通过种植人工草地、加强棚圈等基础设施建设、扶持新型经营主体等方式，促进了草原畜牧业生产方式转变(尹晓青，2017；张会萍 等，2018；王加亭 等，2020a，2020b)；(5)促进了农区和半牧区中小农牧户的劳动力转移、草场确权与流转(尹晓青，2017；王丹 等，2018)；(6)加速了老一代畜牧业劳动力的退休(马宁，2017)。

草原生态补奖在实施过程中存在诸多问题：(1)仅对部分区域的牧民减畜起到了激励作用，因为部分牧户群体存在“给钱即满意”的观点，得到补奖后并未调整既有放牧行为，减畜热情不大，超载过牧现象仍然普遍(胡振通 等，2016；冯秀 等，2019；高博 等，2021；李志东 等，2021；文明 等，2021)；(2)促进牧户生产效率提升的作用有限(马如意 等，2021)；(3)与补奖前相比，补奖后牧户间福利分配差距拉大(康晓虹 等，2020)；(4)缺乏严密的奖惩制度，由于无论牧户是否按照政策规定进行减畜最终都会获得补奖资金，所以"既超载又拿补贴"的现象非常普遍，不遵守政策规定成为常态(胡振通 等，2016；祁晓慧 等，2016)；(5)针对部分特定政策活动下的农牧民群体，增收效果局限(李志东 等，2021)；(6)实际补奖标准普遍低于当地的理想补奖标准(胡振通 等，2016；冯秀 等，2019；李志东 等，2021)；(7)抑制了牧区大户开展畜牧业生产的积极性(王丹 等，2018)；(8)使涉牧农户的总收入和种植业收入有所降低(张会萍 等，2018)；(9)造成农牧交错区粮食产量明显下降，种植结构更趋单一(张会萍 等，2017)。

对于现行的草原生态补奖政策，学者们提出了各种各样的期望。第一，总结草原生态补偿的经验教训，探索草原生态补偿新机制，实行针对农牧民的基本补偿与激励性补偿相结合的补奖方式，提供包括标准化养殖培训在内的技术补偿、包括实物形式的牧业生产与生活设施改善等措施在内的物质补偿等多样化的补偿方式(文明 等，2021；周升强 等，2021)。第二，草原生态补偿更着眼于草原生态保护，应制定更着眼于牧民生计的配套政策，只有通过配套政策改善了牧民生计，才能使草原生态补偿更好地服务于草原生态保护，配套政策包括完善牧区社会保障制度、加强基础设施建设、发展现代畜牧业、鼓励合作经营等方面的政策，补偿方式应由货币补偿为主转向以发展牧户能力补偿为主，由传统的财力补偿方式转向面向牧户的扶持政策补偿，因地、因户采用多元化的补奖方式；鼓励承包草场面积小、草场生产力低的牧户通过流转草场、联合经营等方式使用草场，实行划区轮牧；针对草场地处相对不利地理位置的牧户在提高补奖标准的同时鼓励其进行生计转型；针对愿意创业或转业的牧户开展就业扶持、信贷优惠、税收减免等方式的扶持(靳乐山 等，2013；冯秀 等，2019；康晓虹 等，2020)。第三，草原补奖资金很难激发经营权人对流转草原进行生态保护和建设的愿望，以致造成已流转草原的掠夺利用，造成草地的严重破坏，宜积极探索将草原补奖资金与草原经营权人挂钩的机制和办法(潘建伟 等，2020)。第四，建立补奖资金发放与政策效果挂钩的联动机制，对经常偷牧而屡教不改或严重超载牧户扣发补奖资金并处以罚款，通过"草原监测监管＋奖励＋处罚＋资金发放"的机制提高补奖效率(杜富林 等，2020；潘建伟 等，2020)。第五，依据每个牧户人均草原经营面积进行补偿，适当提高补奖标准，建立补奖标准动态调整机制，在考虑消费物价和牲畜市场价格变化的基础上，将补奖重点投向人力资源禀赋、社会资源禀赋和自然资源禀赋匮乏的牧户，实现牧户福利的持续改善，缩小牧户间的福利差距(李金亚 等，2014；王加亭 等，2020；石贵琴 等，2021)。第六，培育牧区家庭牧场、牧民专业合作社、涉牧龙头企业等新型经营主体，鼓励其参与草牧业工程建设，并与牧户家庭经营形成利益共同体(潘建伟 等，2020)。第七，补奖资金的发放采取"先减后补"的滞后方式，即采用牧户当年的草原生态补奖资金在下一年按照统计的实际减畜情况进行发放的办法(祁晓慧 等，2016)。第八，草原畜牧业生产应该和粮食生产一样给予直接补贴，且应随着国民经济的发展和农牧民生活需求的增长不断增加(冯秀 等，2019)。

7.6 草地权属与草地流转

7.6.1 草地权属与草地流转制度概述

产权是指权利人对资源的所有、使用、占有、处置等权利，以及因该权利引起的人们之间的权益关系(张博 等，2015)，是所有权，使用权，经营权、处分权和收益权、转让权等多种权利的集合体，其中收益权是产权最本质的权利。产权制度通过确立共同遵循的准则来界定人们对稀缺性资源的配置权利(史锦梅,2013)。自然资源资产产权则是指自然资源所有权和与其有关的财产权,包括自然资源所有权、使用权、经营管理权等财产权。与一般产权不同,自然资源资产产权是自然资源资产化后的产权,具有生态性、空间性和动态性等属性。自然资源要转化为资源资产,必须具有稀缺性、能产生效益、具备明确的所有权(康京涛,2015)。草原产权是指权利人对草原资源享有的占有、使用、管理和收益等权利,以及因该种权利引起的行为人之间的权益关系(张博 等,2015)。草原产权制度决定着草原管理、利用和保护,影响人与自然相处的方式(敖仁其,2003),与草原生态质量维护密切相关(营刚,2014)。

中国古代及近代草原产权制度大体可分为两个时期:第一时期为传统游牧时期,皇室和贵族占有、使用、继承和分配草牧场,草场归部落使用或者公用;第二时期为盟旗制度时期,封建王公占有草原所有权,草原由牧主和牧民共用(黄玉玺 等,2017)。在古代和近代,游牧民族的道德自律系统在保护、管理和利用草原方面发挥了积极作用。传统草原所有权与使用权制度的突出特点是,无论权力主体如何变动,草原管理始终与草原生态规律和草原游牧生产技术水平相适应,在足够时空区域内实施轮牧(敖仁其,2003)。

现代草原所有权制度由相应的法律条款明确确立。按《草原法》规定,新中国的草原资源归国家和集体所有,全民所有制单位、集体经济组织等有权使用国家所有的草原,集体经济组织内的家庭或联户对集体所有的草原以及由国家所有允许集体经济组织使用的草原拥有承包经营权。

新中国成立以来,草原产权大体经过了下述演变:(1)土地改革阶段(1949—1952 年),这一阶段实行“牧场公有、放牧自由”,规定“草牧场公共所有,牲畜为牧主牧民所有”;(2)社会主义改造阶段(1953—1957 年),部分草场仍属私有,大部分草场集体公有,由集体统一使用和安排;(3)人民公社阶段(1958—1978 年),草场和牲畜完全公有,集体劳动,统一核算,统一分配;(4)家庭承包阶段(1978 年至今)。这一阶段又可分为三个阶段:第一阶段,“牧业大包干”阶段,时间在 20 世纪 80 年代初至 80 年代末,所有牲畜承包到户,部分草场开始承包,经济开始游离于社会,社会开始游离于自然,“草-畜-人”的动态平衡关系开始打破,居于第三位的“人”逐渐变成了畜牧业的中心;第二阶段,“草畜双承包”阶段,时间在 20 世纪 80 年代末到 90 年代中期,草原地区大部分草场开始承包到组,市场脱离了社会,社会脱离了自然;第三阶段,草原“双权一制”阶段,时间在 20 世纪 90 年代中期至今,“双权一制”指的是草场的所有权、使用权和承包责任制。实施草牧场“双权一制”旨在实现草地“用、管、护”和“责、权、利”的统一,解决草原权属不清、面积不准、责权不明问题,克服“草原无主,放牧无界、使用无偿、建设无责”的观念,提升“草原有价、使用有偿、建设有责”的意识(刘艳 等,2012)。集体所有单位及草原使用单位将所属草原分片包给基层生产组织或农牧民经营,原则上承包到户。对承包到户的草地,由发包、承包双方签订承包合同,至 2005 年,内蒙古牧区的“双权一制”基本落实,至 2010 年,草原“双权一制”全面落实,草场全部承包到户(周立 等,2013;黄玉玺 等,2017;谭淑豪,2020)。

全国各地牧区开展草原承包的起始时间不一致。内蒙古最早,在 20 世纪 80 年代就开展了草原“双权一制”工作。西藏最晚,2003 年才开展草原承包工作。其他省区多在 20 世纪 90 年代开始开展草原承包。

政府为主导,由政府出台各项政策强制执行草原产权的变迁是草原产权演变的一大特征。内蒙古自治区从固定草牧场使用权到“草畜双承包”、草原有偿承包、“双权一制”一系列的草原产权制度都是以政府为主导,通过政策保障而强制执行的产物(赵红羽,2015)。

新中国成立到 20 世纪 80 年代初期的草场公有、牲畜公有阶段与延续了千年的游牧制度吻合，经济制度仍然镶嵌在社会和自然中，区别是注入了某些现代管理方式和技术，因而“草-畜-人”的平衡关系没有断裂(生态第一、牲畜第二、牧民第三的生态适应观)(周立 等，2013)。社会主义改造阶段形成的社区共有产权制度以及家庭和牧民群体内部的社会分工和合作，加速了先进生产技术的传播，维系了牧区的生产关系，提高了牧户抵御自然灾害和市场风险的能力，维系了经济效益与生态效益的和谐关系(刘明越 等，2012)。实际参与者的理性“对抗”与“隐藏”，使得强制参与的牧区人民公社制度也表现了高效率(营刚，2014)。

“牧业大包干”阶段理论上存在草原“公地悲剧”，但草原管理局的有力监管避免了草原的过度利用。后来草原管理局并入畜牧局，草原监管执法权限下降，草原畜牧业生产被置于更突出的地位，这是之后草原退化的重要原因。从“草畜双承包”启动至今，尚有很大一部分草原未真正承包到户，因而理论上存在未明确草原上的“公地悲剧”问题(营刚，2014)。

全国草原牧区于 2015 年起从 4 个方面陆续开展草原确权工作：对牧户承包草场的位置、面积、四至等进行测绘，对牧户实际使用草场与承包草场进行调整；换发、补发或完善草原权属证书；建立涉及土地承包经营权转让和抵押等的登记制度；建立土地承包经营权信息应用平台(赵颖 等，2017)。内蒙古牧区于 2017 年底基本完成确权工作(李冰 等，2019；谭淑豪，2020)。

“三权分置”是指所有权、承包权和经营权三权分置。实施“三权分置”的目的在于赋予土地经营权以应有的法律地位和权能，鼓励土地流转，促进土地规模经营。由此可见，“三权分置”的主要作用为促进土地经营权的流转。草场流转全称为草原承包经营权流转，是指在草原承包期内，承包方以出租、转让、转包、互换、入股及其他方式将承包草地的承包经营权转移给第三方从事牧业生产经营的经济现象。草场流转遵循自愿、有偿、合法以及不改变草原用途的原则(胡振通 等，2014)。草场流转旨在利用市场配置资源的优势，解决草畜矛盾，改善牧民生计。初期的草场流转通常由已明晰家庭草场边界地区的牧民自发进行，主要表现形式为牧民草场租赁，即将草地使用权租赁给他人，收取一定租金。流转在不同程度上缓解了牲畜需求和草场供给间的矛盾，增加了牲畜的移动性，满足了牲畜的多样需求，提升了牲畜的数量和质量(赖玉珮 等，2012；胡振通 等，2014；宋丽弘，2015)。草场流转能使贫困户获得收入，生计得到一定改善，能使富户获得财富和牲畜积累，牧民总体生活水平有所提高(赖玉珮 等，2012；宋丽弘，2015)。尽管草场流转可以提高牧民收入，但并未根本改善贫困户的生计(赖玉珮 等，2012；宋丽弘，2015)。

对 20 世纪 80 年代以来中国主要草原牧区的牧业制度变迁而言，“双权一制”是基础，“草地确权”和“三权分置”是对该制度的深化(谭淑豪，2020)。“双权一制”的产权制度带来了内蒙古牧区生产生活方式的巨大变化，“逐水草而居”的具有集体合作制特征的游牧作业在几十年内迅速转换为市场导向的以定居定牧的家庭牧场为基本特征的竞争性牧业。在通过生态建设、草畜平衡政策和农区替代效应等使畜牧业迅速向更具有饲草料资源的农区和半农半牧区集中过程中，市场价值不明显的大牲畜正在相对甚至绝对减少，以牧区生态退化、牧业成本攀升、牧民生计困难为主要特征的“三牧”问题变得日趋严重，牧户和干群冲突变得更加剧烈(周立 等，2013；刘红霞，2016)。

“双权一制”的“分畜到户”和“分草到户”两个过程分别以不同的路径和逻辑影响草地退化(谭淑豪，2020)。“牧业大包干”阶段，牲畜承包到户，草地公用，分到牲畜的牧户最大限度地使用集体草地，最大限度地增加牲畜数量，引发所谓的“公地悲剧”。集体草场受到严重破坏的原因为：第一，集体内的成员都能无偿使用草场但草场遭到破坏之后又无须直接负责；第二，集体内的每一位成员都希望利用有限的草地资源放养更多的牲畜以获取更多收益；第三，集体保护草场的权责利不一致,牧民愿意利用草场,但不愿意保护草场(乌日古木拉,2019)。此种情形下的草地退化路径可概括为"分畜到户-牲畜增加-公地悲剧"(谭淑豪,2020)。

"草畜双承包"阶段,"分草到户"使牧民从集体中"分离"出来,纷纷用围栏围封所承包草地,造成草地的细碎化。草地细碎化极大降低了草原牧区的生态"交互规模",削弱了每个牧户实际可支配的自然资本的数量和质量,这种草地资源配置的不合理间接引发牧户生计资本的失配和生计弹性的降低。此种情形下的草地退化路径可概括为"分草到户/草地确权—草地细碎化—围栏陷阱"(谭淑豪,2020)。

确权不彻底能引发牲畜寄养问题。不考虑草原承载力的寄养放牧提高了草原利用强度并加剧草地退化(潘建伟 等,2020)。承包制度将草场和牧户分开更易导致草原荒漠化,私有化承包模式无论在生计还是在可持续资源管理方面,都表现为既不能提供平 等,又不能提供效率(周立 等,2013)。

"三权分置"对草地退化的影响主要体现为草地流转的影响。草地流转时,多数草地流转合同未对草原利用强度做明确约定,出租人对草原使用监管也不到位(陈雪,2016;仇焕广 等,2020;潘建伟 等,2020)。承租人包括外来租户和本地租户两种,都倾向超载过牧及延长草原放牧时间。外来草场租户放养牲畜量严重超出草场承载能力;嘎查内的本地租户施于流转草场上的放牧压力一般大于承租户自己草场的放牧压力(赖玉珮 等,2012;刘红霞,2016)。此种情形下的草地退化路径可概括为"三权分置/草地流转-不完善契约/产权不安全-草地过度利用"(谭淑豪,2020)。

7.6.2 关于草地权属与草地流转的调研结论

草地确权不到位,不同自然资源界定冲突。部分地区落实了所有权,但承包经营权有纠纷;部分地区落实了承包经营权,但所有权有争议;部分地区落实了使用权,但经营权存在矛盾。行政界线不清所引发的草场边界矛盾纠纷是无法确权的主要原因之一。户与户之间、组与组间、村与村之间边界争议影响确权。草原和林地面积重叠,影响确权。由于草原和林地行业标准不同,在机构改革前,林业和草原部门按各自的标准划定面积,导致部分地区林草重叠。主要有两种表现:一是林权证在先,2010 年草原普查时确定为草原,因已经发放了林权证,部分地区在落实草原确权承包工作中,为了规避矛盾,对这一类草原没有进行确权;二是草原证在先。1998 年已经落实草原"双权一制",但之后又发放了林权证,导致林草面积重叠,无法再进行草原确权。灌木地既可划为草地又可划为林地。林地与草地间缺乏清晰的界限,林业部门与草原部门常常发生冲突。目前,到底有多少草地难以统计,草原执法边界在哪也不清楚。

边境军事缓冲区 2 km 以内的草原,所有权属村,为集体所有,但由部队管理或使用,在草原确权承包工作中只能落实所有权,无法承包到户。落实草原"双权一制"时,受技术、设备等因素限制,工作纰漏较多,导致旗(县)之间、村之间、牧户之间草场界限不清,"证、账、地"不符,承包档案和证件丢失,再加之存在草地少分、漏分、未分以及主动放弃承包权等问题,草原确权就变得更为棘手。《草原法》所称草原指天然草原和人工草地,未对荒地进行界定。但在很多场合,天然草原都被视为荒地予以处置,这为将草原变为其他土地利用类型提供了很大便利,涉及草原地区的荒地开发利用,林业、农牧、国土、发改等部门均有审批权限,即使出现乱垦、占用草地、破坏植被、污染草原等违法行为,相关人员也担责很少。

户均草地占有量日趋减少,导致草地日趋退化。自 1985 年,内蒙古草原区开始实行"双权一制"制度,即落实草原所有权、使用权和承包到户责任制。在草地承包到户的过程中,草地资源分配并不均匀,多的很多,少的很少。例如,在科尔沁右翼中旗,有的牧户草场面积超过万亩，有的牧户草场面积仅 200 余亩。随着时间推移，牧区户数在不断增多，户均占有草场量在日趋减少。例如，在鄂托克旗某自然村，50 年前有 60 个牧户，现在有 160 个牧户；按照牧户世袭承包草场计，若原来每户有 1000 亩草场，则现在每户只能有 375 亩草场。在户均草场面积越来越少的情况下，原本草地资源较少的牧户生活将变得极为艰难，其按草场面积所获补贴就将是杯水车薪，补益不大。为维持相当的生活水平，这些牧户就倾向选择超载与偷牧，对草原造成威胁。一些草原工作者、基层干部和牧户认为，草场承包缺乏动态调整是造成贫富不均、影响草地管理的重要原因。

草地流转助推草地退化。近些年，外来承包经营者深入牧区租用草场现象日益普遍，哄抬了草地租金和牧草价格，导致当地牧户牲畜养殖成本大幅增加。在锡林郭勒盟东乌珠穆沁旗的调研显示：草地在当地牧户间流转时，放牧场租金 8～10 元/亩，打草场租金 15 元/亩，牧草价格 6～7 元/捆(30 斤/捆)；外来承包经营者介入草地流转后，放牧场租金达到 15～20 元/亩，打草场租金 20～30 元/亩，牧草价格达到 17～23 元/捆。草地流转对草原生态环境造成了极大的负面影响：一方面，当地牧民面临着租不到草场、买不起草料的严峻形势，使超载与偷牧变得更加严重；另一方面，当地牧户租入草场通常只放牧或打草，能在利用时适当考虑草场压力，而外来承包经营者则既打草又放牧，采取掠夺性经营，短时间内获得最大经济效益，不顾草场承载力水平的挣快钱行为导致草场急剧退化。

关于草地权属与草地流转，可做出的结论为：第一，真正落实“双权一制”尚需做很多工作；第二，户均草地面积日益减少，给草地保护带来了更大压力；第三，缺乏有效监管的草地流转有可能成为草地持续退化的驱动力。

7.6.3　关于草地权属与草地流转的展望

产权并不独立于社会文化之外。嵌入在社会文化传统与自然环境之中的经济制度虽然个体收益不高，但在环境“保护”中能体现自然天成的特点。

公益性(生态功能)和公用性(社会文化载体)是草原的根本功能(周立 等，2013)。草原是一个复杂的生态系统，“草—畜—人”关系具有强烈的不可分性。从保护生态、防灾避灾及体现多种功能的需求看，牧场比农业土地的可分性低。草原上社会组织和生态环境的不可分性决定了牧业生产组织具有较弱的可分性。草原资源可分配给家庭，但环境问题并非单个家庭所能承付的，在生态治理方面，牧民的合作而非离散具有更大的生产和生态效率(周立 等，2013)。符合效率原则未必可以获得可持续性，草原承包后草原产权明确、牧业效率提高解决不了因过度放牧导致草地退化这一问题，引发“私地悲剧”，即当牧民个人折现率高于牧草再生率时，牧民过度利用草地是符合理性和效率原则的，于是催生了经济效率与可持续发展间的矛盾(营刚，2014)。通过草原承包经营来建立产权排他性以实现草原可持续管理的设想过于简单(李锦，2014)。

近些年，中国的草地管理主要受三种理论包括“公地悲剧”理论、产权理论和公共池塘资源理论的影响，其中，“公地悲剧”理论认为“一私就灵”，产权理论认为产权不能处于静止状态，必须通过产权流动方能实现资源的配置优化；公共池塘资源理论则认为“公地悲剧”可以通过提高社区管理水平加以解决，私有化和产权流动不是解决公地利用问题的全部选项(尹晓青 等，2016)。

必须承认，科技进步和市场体制的双重作用已使草原内在制度与传统时期有所差异(何欣等，2013)。草原流转与外部经济、社会、文化和自然环境之间相互作用，受多种因素影响。驱动草原流转的因素包括比较利益、外部政策及牧户禀赋。牧区劳动力的顺利转移即非牧就业的发展是草原转出的关键条件，规模化经营的相对优势是草原转入的关键条件。牧户禀赋是草原流转的基础，外部政策是影响草原流转的加速器(张美艳 等，2017)。流转草场面积和流动生产费用显著影响牧户牲畜规模(王艳龙，2013)。

就草地产权问题，学者们梳理出了诸多问题。第一，所有权主体规定不清，所有权、使用权界定模糊。牧户共用草原以及草原承包经营权不清晰的现象一直存在，一些地方的承包仅仅停留在合同和草场使用权证上，草场未被划分，仍保留公共利用(盖志毅，2005；尹晓青 等，2016；黄玉玺 等，2017；玉梅，2017；李冰 等，2019)。在人均草牧场面积小的地区，夏、秋季草牧场多为共同使用或交叉使用(敖仁其，2003)。第二，中国北方干旱、半干旱草牧场的利用制度必须遵循轻度、适度、轮牧休闲的放牧制度，这种放牧制度的前提条件是草牧场必须具备一定的规模，而草牧场使用权的家庭承包制制约这一放牧体制的实施(敖仁其，2003)。第三，草原承包管理主体混乱，管理力度低下；使用权主体组织程度低，规模经营难以形成；基础设施建设滞后，资源配置不合理；草地确权具体要求与畜牧业经营方式不适应，草地实际上由少数牧户使用(黄玉玺 等，2017；李冰 等，2019)。第四，牲畜多的牧户占有牲畜少或无畜户的草场资源，造成草场资源分配不平等。草牧场承包政策在落实中，受到牧户经济条件的制约。许多低收入家庭没有能力围封自家的放牧场，其结果是那些养畜大户(经济实力较强的牧户)首先把自家放牧场围封起来，然后无偿占有或掠夺性地经营那些没有经济实力围封自家承包牧场的低收入家庭的牧场，拉大了贫富差距，加剧了草原的退化和沙化(敖仁其，2003)。第五，草牧场承包到户后，中、小牧户的生产规模过小，再加之牧户居住分散，离最终消费市场远，交易成本高，其产品大量流入牧区小商小贩手中，交易价格非常低廉，多数牧户濒于破产。已破产牧户不得不把唯一资产——草牧场使用权以极低价格转让，承租人则为获取短期利益对草牧场实行掠夺式经营(敖仁其，2003)。第六，草牧场产权制度未建立有效的进入和退出机制，未规定什么人可以经营牧场，具备什么条件可以经营牧场，既没有有效的身份限制又无最低准入条件限制的草牧场产权制度是造成草原生态环境恶化的重要制度成因(敖仁其，2003)。第七，移动性的下降使牲畜的季节性需求与草场供给间出现矛盾，影响草地畜牧业的发展(赖玉珮 等，2012)。第八，草地承包流转政策不规范，相关法律法规欠缺，大部分省区没有草原流转的管理办法(黄玉玺 等，2017；李冰 等，2019)，对流转期限、流转方式没有作出规定。第九，草原流转大多未经发包方同意，也没有在草原管理部门或者发包方进行备案。第十，政府部门或嘎查村民委员会介入草原承包经营权租赁，违背草原承包经营权人意愿，干涉草原承包经营权出租，损害牧民利益(刘晓庆，2013)。第十一，规模经营参与者依靠资金等生产资源优势垄断草原资源、压低租金价格、侵犯牧民的合理定价权，并破坏草原生态(刘晓庆，2013)，非牧民承租者将流转草场高价转卖(黄玉玺 等，2017；李冰 等，2019)。第十二，牧民之间没有签订草原流转合同，多是以口头协议的方式短期流转。第十三，牧民自发出租草原承包经营权的行为造成草原用途改变(刘晓庆，2013)。第十四，在草原使用权流转价格低廉，许多农牧民以代交农业税费的形式将草场准无偿地转让，由他人使用，有的地方甚至还要倒贴(宋丽弘，2015；陈雪，2016)。第十五，草原承包经营权流转登记模式存在缺陷，登记机构不强制当事人进行登记，造成"一地多包"；存在草原承包经营权流转登记审查方式不明确、难于准确把握审查尺度、登记错误救济机制不健全、赔偿归责原则不明确、登记质量不高、登记信息不够公开诸多问题(云苏日娜，2015)。

学界认为，可采取多种措施解决草地产权政策落实中存在的问题。第一，确保使用权初始配置公平，完善产权维护相关法规(黄玉玺 等，2017)。第二，明晰权利边界，在嘎查(村)集体草场的边界修建围栏禁止外村人进入放牧或者割草，嘎查（村）内要确定权利人范围，承包权和经营权应尽量限制在本嘎查（村）范围内，出租草场时签订合同保护草场（乌日古木拉，2019）。第三，首先，将牲畜承包到户，但草地不承包到户。草地不承包到户利于草地的集中管理，有利于调节冬季牧场和夏季牧场的规模和放牧强度，有利于调节优质牧场和劣质牧场的放牧强度（刘志民，2006）。第四，采取“草原承包到联户，联户生产经营”的方式，将草原承包到联户，以农牧结合的产业发展为支撑联户经营，通过合作或租赁等扩大经营规模，提高牧户对草原资源的配置效率（张美艳 等，2016；谭淑豪，2020）。联户承包与分户承包对比，草地面积更大，集中管理、合理协调的可能变得更大（刘志民，2006）。联户放牧需由联户达成单位面积载畜量标准，需要每户根据自己承包草原的面积限定牲畜数量，或者对联户的每头牲畜征收放牧费用，然后将所得放牧费按照每户承包的草原面积平分（杨理，2010）。第五，建立集体草场管理机制，完善社区自主治理。在完善草原放牧权家庭承包责任制、水资源协调管理机制的基础上，引进地方社区自主放牧制度（杨理，2010），组建嘎查（村）内集体草场管理小组，按照“集体草场由集体保护”的原则管理和利用草场，嘎查（村）牧民直接参与草场利用规则的制定与修改（乌日古木拉，2019；仇焕广 等，2020）。草场重新合并后需进行集体规划以减少围栏引起的牲畜重复踩踏；不同牧户小组之间应通过合作实现季节性草场转换；不同嘎查（村）甚至不同苏木（乡、镇）间的牧民合作社应通过建立互惠网络应对自然灾害（张倩 等，2008）。第六，把股份制引入草地经营，利用草地股份化经营组织明确草牧场产权关系，解决草、畜两要素在经营主体和权属上的相互分离问题（敖仁其，2003）。第七，对部分草场推行“确权不确地”的管理办法，按照“联户承包”方式界定草场放牧权，不具体到相应地块，以草原放牧权界定替代草原承包权界定，通过社区内牧户相互监督控制放牧总量、开展草原流转，解决草原围栏过密导致的草原生态破碎化问题（尹晓青 等，2016）。第八，引入第三方主体，营利性第三方的专业公司开展集约化经营，在保护草原生态的同时获得经济收益，推进可持续发展；非营利性第三方可以由事业单位、研究机构、大专院校、民间或国际环保组织等组成，在草原管理中发挥信息提供、生态环境评价和反馈、科研成果转化、生产技术服务等作用（史锦梅，2013，2014）。第九，鉴于划区轮牧是现阶段保持放牧系统单元完整性的唯一途径（任继周 等，2011a），在联户围封放牧场的基础上实施划区轮牧（敖仁其，2003；韩丽敏 等，2020）。第十，在草地产权政策中明确和增加收益权和处分权，因为这两项权能直接关系到牧民的切身利益（张博 等，2015）。第十一，发展多种经营模式，推进新兴产业发展，扶持农牧民专业合作社（张美艳 等，2016；黄玉玺 等，2017）。第十二，建设旗县级“草原信息中心”，启动“数字草原”建设工作，建立草原数字化管理基础数据库，利用3S（GPS，全球定位系统；GIS，地理信息系统；RS，遥感）技术对草原生态进行动态监测，采集牧户信息，整理档案，录入采集数据，建立户、嘎查、旗三级草原权属信息库（其木格，2018）。

众多研究人员就解决草场流转中存在的问题提出了应对措施。第一，细化法律条文，就承租方是否具备畜牧业生产经营能力的标准进行法律规定，对承包后的草场用途变化、流转草场围封、草场再次流转、超载放牧等作出规定，对因管理不善、掠夺性经营等种种不合理、不合法行为造成的草场退化、沙化和破坏化等情形，严格按照法律法规加以处罚，并依法终止流转合同（敖仁其，2003；李金亚 等，2013a；刘利珍 等，2016；刘志娟 等，2016）。完善流转程序，加大监管力度（刘利珍 等，2016），规范流转市场，完善转入和转出方契约，约束转入方机会主义过牧行为（谭淑豪，2020）。第二，根治权力寻租、减少行政侵权。第三，建立专门财政转移机制、社会保障机制、科技教育培训机制（敖仁其，2003；李金亚 等，2013a；刘利珍 等，2016；刘志娟等,2016)。第四,保证承租人是从事畜牧业生产经营并且具备一定生产经营能力的单位或个人。对草地流转准入和出租过程中的行为做出严格限制,尤其是工商企业,对外来企业或个人要建立较高的资金门槛(指使用权的买断或草场租赁费)或风险抵押金(敖仁其,2003;刘晓庆,2013)。减少外来承租,通过制定法律保障牧民集体对草地资源的排他性使用(赖玉珮 等,2012)。第五,嘎查(村)内部建立草场整合型合作社,通过流转协调贫困户与富裕户之间的分配;牧民共同制定草场流转和利用规则,并对流转草场利用方式和生态状况进行监督;修复牧民互惠关系,建立互助资金,降低外部环境影响(赖玉珮 等,2012)。第六,构建牧户、合作社与企业之间的互利共赢合作模式,发展畜产品加工,探索“家庭农牧场+专业合作社”“专业合作社+龙头企业”“龙头企业+家庭农牧场”等经营合作模式(张悦,2017),创新畜牧业产业链组织方式与利益协调机制,形成新型畜牧业经营主体(张美艳 等,2017)。第七,在允许牧户抵押所承包草原经营权和牧户住房财产权的基础上,鼓励各类金融机构在贷款利率、期限、额度、担保、风险控制等方面加大支持力度,简化贷款管理流程,增加发放中长期贷款,切实满足其对金融服务的需求。支持新型牧区合作金融组织发展。第八,关注贫困户的劳动力转移,改善其生计(赖玉珮 等,2012)。第九,从家庭承包经营向家庭租赁经营过渡,促进草原使用权的流转。租赁制就是在不改变家庭经营的基础上,草原所有权逐步归国家所有,农牧民通过市场机制,以市场化竞争方式从国家手中获取草原使用权,国家通过契约关系向农牧民收取地租。租赁经营比承包经营更有利于草原使用权的流转(宋丽弘,2015)。第十,政府对草场分等定级,以此制定草场流转的指导价格(宋丽弘,2015)。第十一,建立规范的草原流转中介机构(宋丽弘,2015;刘志娟 等,2016)。第十二,建立合理的草原土地税制。先制订基础税率,然后再根据牧户的经营规模在基础税率上进行加减。对于兼业牧户或以牧业为副业的牧户,在基础税率的基础上加征一定量的税,迫使其退出牧业生产,以便将草场使用权流转给牧业大户。对于牧业大户则通过降低税率激发其生产积极性(宋丽弘,2015)。第十三,建立草原地籍管理制度,责令牧户依法向政府的土地管理机关办理土地产权登记手续,做好地籍档案管理工作,为牧区土地管理和草场流转提供各种信息(宋丽弘,2015)。第十四,成立解决草原流转纠纷的仲裁机构,处理草地纠纷案件,协调草场转、受双方的利益,在草原流转过程中保护牧民的合法权益(陈雪,2016)。第十五,进行草原承包经营权流转要件登记、实质审查,健全草原承包经营流转错误登记赔偿制度,提高登记质量及效率,完善其信息公开制度(云苏日娜,2015)。第十六,推进牧区新型小城镇建设,为牧民提供二、三产业的创业就业机会。鼓励牧民在牧区创业就业,引入历史、文化及民族元素,使草原畜牧业与文化、观光旅游等产业融合,发展景观畜牧业、牧家乐、特色旅游等(张美艳 等,2017)。

参考文献

阿其力斯,2018. 我国草原保护的法律问题研究[D]. 天津:天津工业大学.

敖仁其,2003. 草原产权制度变迁与创新[J]. 内蒙古社会科学(汉文版)(4):116-120.

陈雪,2016. 新巴尔虎右旗土地流转现状分析及对策[J]. 现代经济信息(2):490.

仇焕广,张崇尚,刘乐,冯晓龙,2020. 我国草原管理制度演变及社区治理机制创新[J]. 经济社会体制比较(3):48-56.

董婷,2011. 内蒙古草原超载过牧问题研究综述[J]. 赤峰学院学报(自然科学版),27(3):47-49.

杜富林，宋良媛，赵婷，2020. 草原生态补奖政策实施满意度差异的比较研究——以锡林郭勒盟和阿拉善盟为例[J]. 干旱区资源与环境，34(8)：80-87.
冯秀，李元恒，李平，丁勇，王育青，2019. 草原生态补奖政策下牧户草畜平衡调控行为研究[J]. 中国草地学报，41(06)：132-142.
盖志毅，2005. 草原产权与草原生态环境保护[J]. 草原与草坪(6)：12-16.
高博，马如意，乔光华，2021. 草原补奖政策："高满意度与低执行度"悖论的形成机理研究[J]. 农业技术经济(2)：112-122.
古力克孜·拜克日，郑婼予，李媛辉，2022. 中国草原立法中法律责任规定之不足与完善[J]. 草业科学，39(04)：806-818.
关士琪，董芮彤，唐增，2021. 牧户超载过牧行为的研究——基于可持续生计的视角[J]. 中国草地学报，43(7)：86-95.
郭晓岚，2016. 草原生态保护法律实施的问题研究[J]. 法制博览，19：265.
韩丽敏，李军，2020，从集体建立到牧户围封：内蒙古草原围栏兴起与转型的历史探讨[J]. 中国经济史研究(4)：182-192.
何欣，牛建明，郭晓川，张庆，2013. 中国草原牧区制度管理研究进展[J]. 中国草地学报，35(01)：102-109.
侯向阳，尹燕亭，王婷婷，2015. 北方草原牧户心理载畜率与草畜平衡生态管理途径[J]. 生态学报，35(24)：8036-8045.
胡振通，孔德帅，焦金寿，靳乐山，2014. 草场流转的生态环境效率——基于内蒙古甘肃两省份的实证研究[J]. 农业经济问题，35(06)：90-97.
胡振通，柳荻，靳乐山，2016. 草原生态补偿：生态绩效、收入影响和政策满意度[J]. 中国人口·资源与环境，26(1)：165-176.
胡振通，柳荻，靳乐山，2017. 草原超载过牧的牧户异质性研究[J]. 中国农业大学学报，22(6)：158-167.
黄玉玺，李军，2017. 中国草原产权制度演变及其效果评价[J]. 古今农业(2)：1-11.
贾婧，2015. 禁牧制度的博弈分析[J]. 内蒙古科技与经济，17：14-16.
靳乐山，胡振通，2013. 谁在超载？不同规模牧户的差异分析[J]. 中国农村观察(2)：37-43，94.
康京涛，2015. 自然资源资产产权的法学阐释[J]. 湖南农业大学学报(社会科学版)，16(01)：79-84.
康晓虹，赵立娟，2020. 草原生态补奖背景下异质性资源禀赋对牧户福利变动影响研究[J]. 中国人口·资源与环境，30(05)：147-156.
赖玉珮，李文军，2012. 草场流转对干旱半干旱地区草原生态和牧民生计影响研究——以呼伦贝尔市新巴尔虎右旗M嘎查为例[J]. 资源科学，34(6)：1039-1048.
李冰，张志涛，谭淑豪，王建浩，张欣晔，张宁，2019. 完善草原生态保护政策机制 促进林草体制机制融合发展[J]. 林业经济，41(4)：3-9.
李金亚，尚旭东，李秉龙，2013a. 中国草原畜牧业可持续发展的经济学分析[J]. 生态经济，11：116-118.
李金亚，薛建良，尚旭东，李秉龙，2014. 草畜平衡补偿政策的受偿主体差异性探析——不同规模牧户草畜平衡差异的理论分析和实证检验[J]. 中国人口·资源与环境，24(11)：89-95.
李金亚，薛建良，尚旭东，李秉龙，2013b. 基于产权明晰与家庭承包制的草原退化治理机制分析[J]. 农村经济(10)：107-110.
李锦，2014. 青藏高原草原的产权变革与可持续管理——对四川省红原县的研究[J]. 中国藏学(4)：102-108.
李勤奋，韩国栋，敖特根，彭少麟，2003. 划区轮牧制度在草地资源可持续利用中的作用研究[J]. 农业工程学报(3)：224-227.
李伟方，2016. 加强草原执法监督工作[J]. 中国畜牧业，19：59-60.
李新一，尹晓飞，周晓丽，李平，2020. 我国农牧民补助奖励政策背景与成效[J]. 草业学报，29(7)：163-173.
李志东，刘某承，2021. 我国草原生态保护补助奖励政策效应评价研究进展[J]. 草地学报，29(6)：

1125-1135.
刘红霞，2016. 从“草畜承包”看牧民碎片化生产与封禁式生态保护——内蒙古特村的实地研究[J]. 社会学评论，4(5)：45-54.
刘加文，2013.《草原法》修订施行十年来成效斐然[J]. 中国畜牧业(6)：62-64.
刘娟，刘倩，柳旭，高娅妮，王佺珍，2017. 划区轮牧与草地可持续性利用的研究进展[J]. 草地学报，25(1)：17-25.
刘利珍，张树军，2016. 浅析草原承包经营权流转问题[J]. 人民论坛(2)：82-84.
刘明越，刘明超，2012. 牧区土地产权制度变革与牧业生产力发展研究——以内蒙古牧区土地产权变革为例[J]. 理论界(5)：31-35.
刘宁，周立华，陈勇，黄珊，2013. 退牧还草政策下农村住户的违约行为分析[J]. 中国沙漠，33(4)：1217-1224.
刘晓莉，孙暖，2013. 我国草原司法解释评判[J]. 吉林大学社会科学学报，53(05)：134-140.
刘晓庆，2013. 草原承包经营权流转中的出租方式研究[D]. 呼和浩特：内蒙古大学.
刘艳，方天，2004. 牧区制度创新与可持续发展[J]. 中国牧业通讯，23：40-43.
刘艳，刘钟钦，2012. 草牧场产权制度变迁对草资源可持续利用的影响[J]. 农业经济(2)：25-26.
刘艳，2004. 典型草原划区轮牧和自由放牧制度的比较研究[D]. 呼和浩特：内蒙古农业大学.
刘源，张院萍，2019. 2018 年全国草原违法案件统计分析报告[J]. 中国畜牧业(13)：16-17.
刘源，2015. 2014 年全国草原违法案件统计分析报告[J]. 中国畜牧业(6)：16-17.
刘志娟，杜富林，2016. 牧户草场流转行为及其影响因素实证分析[J]. 黑龙江畜牧兽医，16：9-12.
刘志民，2006. 草地资源的可持续利用和保护(第十八章)，398-416. 见：金凤君，张平宇，樊杰等著，东北地区振兴与可持续发展战略研究[M]. 北京：商务印书馆.
马宁，2017. 草原生态补奖背景下的锡林郭勒盟牧区人力资源开发研究[J]. 内蒙古科技与经济(1)：15-17.
马如意，张月欢，乔光华，2021. 草原生态补奖政策有利于提高牧户生产效率吗？——基于内蒙古牧户追踪调查数据的实证研究[J]. 黑龙江畜牧兽医(6)：21-25.
孟磊，李显冬，2018. 自然资源基本法的起草与构建[J]. 国家行政学院学报(4)：103-108,151.
缪冬梅，张院萍，2013. 2012 全国草原违法案件统计分析报告[J]. 中国畜牧业(5)：16-23.
潘建伟，张立中，辛国昌，2020. 草原生态补助奖励政策效益评估——基于内蒙古呼伦贝尔新巴尔虎右旗的调查[J]. 农业经济问题(9)：111-121.
蒲小鹏，师尚礼，杨明，2011. 中国古代主要草原保护法规及其思想对现代草原保护工作的启示[J]. 草原与草坪，31(5)：85-90,96.
祁晓慧，高博，王海春，周杰，乔光华，2016. 牧民视角下的草原生态保护补助奖励政策草畜平衡及禁牧补奖标准研究——以锡林郭勒盟为例[J]. 干旱区资源与环境，30(5)：30-35.
其木格，2018. 草原家庭联产承包责任制实施的绩效研究[D]. 呼和浩特：内蒙古师范大学.
青格勒，2017. 我国预防草原荒漠化的法律问题研究[D]. 重庆：西南大学.
任继周，侯扶江，胥刚，2011a. 草原文化基因传承浅论[J]. 中国农史，28(10)：1745-1754.
任继周，侯扶江，胥刚，2011b. 放牧管理的现代化转型——我国亟待补上的一课[J]. 草业科学，28(10)：1745-1754.
任继周，侯扶江，张自和，2000. 发展草地农业推进我国西部可持续发展[J]. 地球科学进展
(1)：19-24.
任继周，2012. 放牧，草原生态系统存在的基本方式[J]. 自然资源学报，27(8)：1259-1275.
石贵琴，朱甄子，贾伶，孙国军，2021. 草原生态补奖政策对牧户收入影响及补奖标准评价——基于祁连山北麓肃南县调研数据的研究[J]. 河西学院学报，37(2)：1-7.
史锦梅，2013. 保护草原生态创新草地资源产权管理模式研究[J]. 生态经济(学术版)(1)：99-103.
史锦梅，2014. 基于生态保护视角下的草原产权创新稳定机制研究[J]. 生态经济(学术版)，30(1)：130-134.

宋丽弘,2015. 我国草原资源使用权流转制度探析[J]. 中国草地学报，37(4)：1-6.

孙建,2014. 民族地区草原生态法制保障研究[J]. 法制博览(中旬刊)，9：14-15,11.

孙学力,2008. 围栏、草原荒漠化与放牧制度的关系[J]. 西南林学院学报(4)：108-111.

谭淑豪,2020. 牧业制度变迁对草地退化的影响及其路径[J]. 农业经济问题，2：115-125.

王丹，王征兵，赵晓锋,2018. 草原生态保护补奖政策对牧户生产决策行为的影响研究——以青海省为例[J]. 干旱区资源与环境，32(3)：70-76.

王冬雪,2018. 退牧还草生态补奖对农户行为影响研究[D]. 银川：宁夏大学.

王加亭，乔江，那亚，刘昭明，智荣，李平,2020a. 我国草原确权承包及信息化管理探讨[J]. 草业学报，29(11)：165-171.

王加亭，闫敏，乔江，赵鸿鑫，李平,2020b. 草原生态补奖政策的实施成效与完善建议[J]. 中国草地学报，42(4)：8-14.

王磊，陶燕格，宋乃平，韦丽君,2010. 禁牧政策影响下农户行为的经济学分析——以宁夏回族自治区盐池县为例[J]. 农村经济(12)：42-45.

王娜娜,2012. 围栏困境——对于贡格尔嘎查围栏项目实施的社会学分析[D]. 北京：中国社会科学院研究生院.

王娅，屈准，周立华,2020. 基于学者视角的禁牧政策成效解析与适时调整[J]. 中国沙漠，40(5)：209-219.

王艳龙,2013. 荒漠化草原区牧户超载行为及其生产效率研究[D]. 呼和浩特：内蒙古大学.

韦惠兰，祁应军,2017. 不同规模草地超载主体的差异性——以甘肃省玛曲县为例[J]. 草业科学，34(4)：892-901.

韦惠兰，祁应军,2017. 基于减畜机会损失差异化的草原生态补奖标准分析[J]. 中国农业大学学报，22(5)：199-207.

文明，刘小燕，永海,2021. 干旱半干旱牧区草原生态保护政策的调整与完善——基于内蒙古牧区的调查研究[J]. 前沿(3)：86-95.

乌日古木拉,2019. 产权理论视角下的集体草场有效利用研究[J]. 现代经济信息，15：359,361.

吴玉虎,2005. 天然草场网围栏建设应因地制宜[J]. 中国草地(2)：81.

徐斌，杨秀春，金云翔，王道龙，杨智，李金亚，刘海启，于海达，马海龙,2012. 中国草原牧区和半牧区草畜平衡状况监测与评价[J]. 地理研究，31(11)：1998-2006.

杨理,2013. 草畜平衡管理的演变趋势：行政管制抑或市场调节[J]. 改革(6)：95-100.

杨理,2010. 中国草原治理的困境：从“公地的悲剧”到“围栏的陷阱”[J]. 中国软科学(1)：10-17.

杨清,2021. 草原生态补奖政策在河西走廊的实施效应及牧民的响应[D]. 兰州：兰州大学.

伊丽娜,2015. “舍饲禁牧”社区实践中的草原保护与牧民生计——以内蒙古 N 嘎查为例[J]. 民族论坛，10：63-67.

尹晓青，李周,2016. 内蒙古深化草原产权改革的进展与评述[J]. 城市与环境研究(4)：38-49.

尹晓青,2017. 草原生态补偿政策：实施效果及改进建议——以内蒙古乌拉特后旗为例[J]. 生态经济，33(3)：39-45.

营刚,2014. 草原退化的制度经济学研究[D]. 呼和浩特：内蒙古大学.

玉梅,2017. 草原承包经营权确权纠纷实务问题研究[D]. 呼和浩特：内蒙古大学.

云苏日娜,2015. 草原承包经营权流转登记制度研究[D]. 呼和浩特：内蒙古大学.

张博，贺艳,2015. 完善我国草原产权制度的建议——基于法律角度[J]. 黑龙江畜牧兽医，24：7-11.

张会萍，王冬雪，杨云帆,2018. 退牧还草生态补奖与农户种养殖替代行为[J]. 农业经济问题(7)：118-128.

张会萍，王冬雪,2017. 退牧还草生态补奖对农户行为影响及其政策效果评价研究评述——基于北方农牧交错带的视角[J]. 宁夏社会科学(S1)：150-155.

张会萍，肖人瑞，罗媛月,2018. 草原生态补奖对农户收入的影响——对新一轮草原生态补奖的政策效果评估[J]. 财政研究，12：72-83.

张利国，艾伟强，2014. 加强草原生态执法工作的若干思考[J]. 大连民族学院学报，16(5)：490-492.

张美艳，董建军，韦敬楠，张立中，2019. 草原流转对牧户收入影响的实证研究[J]. 干旱区资源与环境，33(3)：26-31.

张美艳，张立中，韦敬楠，辛姝玉，2017. 锡林郭勒盟草原流转驱动因素的实证研究[J]. 干旱区资源与环境，31(3)：57-63.

张美艳，张立中，2016. 农牧交错带草原确权承包问题探析——以河北省丰宁县为例[J]. 农村经济(1)：57-62.

张倩，李文军，2008. 分布型过牧：一个被忽视的内蒙古草原退化的原因[J]. 干旱区资源与环境，22(15)：8-16.

张悦，2017. 牧区草地流转意愿及影响因素研究[D]. 武汉：华中师范大学.

张智起，姜明栋，冯天骄，2020. 划区轮牧还是连续放牧？——基于中国北方干旱半干旱草地放牧试验的整合分析[J]. 草业科学，37(11)：2366-2373.

赵成振，钟荣珍，周道玮，郑聪聪，2018. 划区轮牧的若干研究进展[J]. 黑龙江八一农垦大学学报，30(2)：38-42.

赵红羽，2015. “文革”结束后内蒙古自治区草原产权制度的演变(1977—2005)[D]. 呼和浩特：内蒙古师范大学.

赵颖，赵珩，2017. 我国草原确权的现状及其功能[J]. 南方农机，48(7)：74,80.

赵玉洁，张宇清，吴斌，秦树高，石慧书，赵进宏，2012. 农牧民对禁牧政策的意愿及其影响因素分析[J]. 水土保持通报，32(4)：307-311.

钟柳依，陆帅文，杨瑞，段建光，梁学曾，2016. 草原生态保护补助奖励机制的阶段性分析——内蒙古锡林郭勒盟三地实证调查报告[J]. 前沿(9)：105-112.

周道玮，钟荣珍，孙海霞，黄迎新，房义，2015. 草地划区轮牧饲养原则及设计[J]. 草业学报，24(2)：176-184.

周立，董小瑜，2013. “三牧”问题的制度逻辑——中国草场管理与产权制度变迁研究[J]. 中国农业大学学报(社会科学版)，30(2)：94-107.

周升强，赵凯，2021. 农牧民感知视角下草原生态补奖政策实施绩效评价——以北方农牧交错区为例[J]. 干旱区资源与环境，35(11)：47-54.

第8章　加强草原保护的技术和对策

退牧还草在最早实施的内蒙古已经开展十几年，取得了一定成绩，也暴露了诸多问题。在生态文明建设理念下，以"绿水青山就是金山银山"的宏观设计为着眼点，以草地资源保护和乡村振兴为战略目标，依托退牧还草工程及其生态、经济和社会效果评价，对既有实施方式进行调整和完善，对提高保护成效非常必要。

8.1　需论证的草地保护机制

为提高草地保护效率并提高牧民生活质量，应对界定不清、难于把握的概念、问题和方案予以论证或重新论证，形成新的概念体系、政策架构和技术方案路径。下述方面非常值得论证：(1)草地畜牧业维护；(2)草原保护执法；(3)草地流转。

关于草地畜牧业维护的论证。草地畜牧业(以放养为主要操作方式、畜种更适合放养)是不同于舍饲圈养的畜牧业经营模式，有人建议，其发展方向应以经营特色产品和绿色产品为主，如果舍饲圈养成为主流，则草地畜牧业的优势就不能发挥。受访牧民指出，棚圈养殖的牲畜所食草料单一、活动量减少，因此，肉质较差，畜产品价值不高。如前文所述，草-畜-人系统是草地畜牧业的基本单元，是高效畜牧业经营模式，既涉及草地生态环境保护，又涉及草原牧民的生计，更涉及草原文明传承。在退牧还草政策支撑的休牧和禁牧下，舍饲圈养逐渐势强，草地畜牧业逐渐势弱，着眼于畜牧业的长远发展，是否需要维护草地畜牧业的优势？怎样维护？对此，需进行深入论证。

关于草原保护立法和执法的论证。① 前文述及，《草原法》立法理念相对滞后、立法内容不够完整以及配套法规尚需构建。既然《草原法》和草原管理条例过于粗疏，草原监管人员与司法部门难于解读与操作，则建议修订《草原法》和草原管理条例，使条文更加明确、使规定更为清晰。② 草原立法与相关法律(诸如《环境保护法》《矿产资源保护法》《土地管理法》《森林法》)存在冲突。而对资源界定不清又进一步使实际操作过程中不知所依，因此，建议澄清资源界线，完成确权，并将牵涉草原、森林等自然资源保护的法规整合成《自然资源基本法》或《自然资源保护法》，使其具备很高的系统性和连贯性，有精确的界定和规定，涵盖自然资源的所有权、勘察测绘、规划、使用以及在使用中的节约与保护等内容。③ 鉴于普遍反映草原执法弱、执法力度轻，建议论证是否可参照《森林法》的执法力度修订《草原法》，变行政执法为刑事执法；既然存在乡镇政府无执法权却要承担草地管护的主体责任这种权责不匹配现象，建议论证是否可采用某种方式赋予乡镇政府相应的执法权力，以便在旗县草地监管部门无力实施监管的情形下将草地保护执法落到实处。

关于草地流转的论证。从我国现行的土地制度来说，草地流转具有其合理性，但从现实情况看，草地流转又给草地资源管理带来很大问题，基层草原工作者及牧户对其质疑很大。关于草地流转，值得关注的问题主要有下述方面：① 如何协调草地经营市场化与草地资源保护？

② 草地流转能否做到规模适度？③ 具有草原特色的草地流转方式是什么？如何操作？草地流转规模应该多大？何种草地流转方式更为合理？在草地流转过程中，如何厘清出租者、承租者、草原管理部门、当地政府间的关系，以保证草地资源和生物多样性的有效保护？这些问题目前都值得深入论证。

8.2 需调整的退牧还草方式

同其他新生事物一样，退牧还草在其前期实施阶段不可能不出现偏差和问题，对有缺陷的方面进行完善和调整，是使退牧还草政策发挥更大的草地保护作用的基础。调研表明，有必要对下述方面做出适当调整：(1)草地资源分配量的调整；(2)退牧还草方式；(3)草地补奖标准和方式。

关于草地资源分配量的调整。草地资源分配量事关牧民生活和草地资源保护，受到了牧区草原工作者、基层政府和牧民普遍关注。关于草地资源占有量，人们提出了下述问题：① 草地资源的固有不均。这由草地资源初始分配不尽合理造成的。草畜双承包于1985年实施，实施伊始，由于各方面原因，同一村中不同牧户草地占有量差异很大，大的特大，小的几乎没有，无牲畜牧户甚至未获得草地初始分配权。② 草地资源的新生不均。随着时间推移，牧户草地资源的占有差异日趋明显，这既有草地流转的原因，也有人口自然演化的原因。从草畜双承包实施至今，草场及牧区牧户结构已发生很大变化：一些占有草场面积大的牧户由于人口自然死亡、人口从牧业生产分流等原因，现在几无人员从事牧业生产，因此，户均及人均草场变得更大；而一些占有草场面积小的牧户，因人口繁衍较快且未从牧业生产分流等原因，在不断与后代分配草场的过程中使户均及人均草场成倍递减，更有甚者，很多20世纪90年代以后出生的年轻牧民根本就没有自己的草场，因为在他们出生时父母的草场已分配完毕。草地资源占有量的巨大差异所导致的后果是：草场面积大的牧户光靠收取草地租金和草地奖补就能很好生活，而草场面积小的牧户在人口未从牧业生产分流的情形下则倾向通过超载、偷牧维持基本生计。草地资源固有不均及新生不均引发了诸多社会问题，因此，一些草原工作者、基层干部及农牧民提出，草地资源占有量应进行动态调整。很有必要以村为单元重新登记牧业人口、重新分配草地资源。

关于退牧还草方式的调整。禁牧、休牧、草畜平衡是主要退牧还草方式，选用何种方式、实施多长时间，颇受牧民关注，意见也多。所提意见概括起来大致有这些方面：① 应调整休牧季节；② 应变禁牧为休牧；③ 休牧时间过长，应适当缩短；④ 禁牧与草畜平衡切换，禁牧实施几年后应切换成草畜平衡；⑤ 部分禁牧，牧户可将草场分成五份，采用五分之一草地一次休牧5年、25年全部草场轮牧一遍的操作方式；⑥ 用严格的草畜平衡代替禁牧；⑦ 应重点将重度退化及沙化草原和不适宜放牧利用的部分中度退化及沙化草原、生态保护修复工程区的草原、重要打草场和野生采种地的草原、各级自然保护地和重要水源涵养区范围的草原划定为禁牧区；⑧ 划定为草畜平衡区的草原需科学核定适宜载畜量，严格执行草畜平衡制度；⑨ 将草畜平衡评价指标由“超载率”调整为“草原生态综合指数”，从按“畜”评价向按“草”评价转变；⑩ 通过高分卫星数据和地面调查，以户或村为对象，准确掌握生态恢复成效，为每户草原建立生态档案，进一步提升管理水平；⑪应推行舍饲圈养与季节性休牧相结合的经营方式。退牧还草方式的选用事关草地保护成效及牧民的生活水平，与自然区的条件有关，与行政区的政策有关，还与人的素质、生产方式和经济水平有关，建议以旗县为单元(草地类型多、面积大的以乡镇为单元),针对上述问题进行专家论证,做出适宜的退牧还草方式的调整方案。

关于草地补奖标准及方式的调整。草地补奖并未达到预期的草地保护效果是不争事实,既牵涉补奖标准,又牵涉补奖方式。补奖标准的认可度与区域(纯牧业区还是农牧交错区)、草场类型、草场面积、经营者的草地利用方式(自用或出租)密切相关。补奖方式与区域、地方政策、草地经营传统、补奖所应发挥的草地保护作用密切相关。就补奖标准及方式,受访者提出的比较重要的意见是:① 农牧过渡区的补奖标准过低,应与纯牧区的有所差异,低额补偿加大了草场面积小、饲草料生产不足的牧户的经济负担,使偷牧倾向变得更加明显;② 应综合考虑草地面积、人口数量、牲畜头数确定补贴标准,补助和奖励标准应相当于农牧民减畜损失,只有这样才能更好地调动广大农牧民参与退牧还草、保护草原生态环境的积极性,确保禁牧区禁得住,平衡区不超载;对牧区依然实行按面积发放补奖资金,但要对大户和小户采取封顶、保底措施,特别是对中小户要有相应的产业扶持政策;对不宜按面积发放的农区和半农半牧区应充分考虑人的因素,补奖资金统筹使用,并重点发展饲草产业,减轻天然草原压力;③ 补奖标准确定应充分考虑饲草料的生产及购买以及储草棚和畜圈等基础设施建设的花费;④ 补奖应以补偿生产方式变革为主,应变生态环境修复资金为产业发展资金,以便依据自然规律进行草地植被自然恢复;⑤ 现行补奖要求当年必须兑现到户这一做法不利于奖惩制度的落实,应允许草畜平衡奖励资金在完成当年草原生态恢复评价后的第二年兑现;⑥ 应将尚未确权到户或联户的集体草原和国有草原纳入到补奖政策实施范围;⑦ 目前补奖未列草原管护经费,宜按每年每亩 0.1 元的标准,给予草原管护补助,用于禁牧和草畜平衡监督管理花费;⑧ 明确草原补奖实施主管部门,目前补奖在国家层面上由农业农村部门实施,且已被改为农牧民补贴,这已经偏离了草原生态保护补助奖励政策的初衷。上述建议对有效发挥补奖的作用、保护草地都可能具有重要作用,应在深入论证的基础上做出适当调整。

8.3 需加强的机制体制建设

保护草地资源的任务即艰巨又复杂,依赖于草地承包者的态度和能力,依托于对机理、过程和服务功能的认知,取决于科研工作者、政府部门、一线草原管理者、牧户间的协作,仰仗于体制机制完善,保证于政策法规建设,受益于经济效能提升。

完善草原确权承包和基本草原划定工作。应依法科学合理调整草原确权承包内容,巩固确权承包成果,确保基本草原面积不减少、质量不下降、用途不改变。

加深草地生态学过程认识。基础研究难于满足实践需求是近些年普遍存在的问题。一方面,学者对发表论文的关注远甚于解决实际问题;另一方面,因为生态要素众多、要素间的作用关系复杂,不开展长期深入研究无法取得对草地生态过程和机理的认识。按系统容量和有序度可以把草原生态系统分为健康、警戒、不健康、系统崩溃四种状态(图 8-1)。应建立这些状态的机理和过程解释,阐释诸多过程和机理问题诸如围栏如何影响种子的风力和动物传播、影响程度有多大?不同草地类型、不同退化程度及不同牲畜种类间存在何种差异,差异多大?

加强产、学、研结合(图 8-2)。“边破坏、边治理”“假生态、真破坏”现象的形成固然有很多原因,但产、学、研未实现有机结合无疑是重要原因之一。缺乏充分论证、盲目实施项目是生态环境建设中存在的突出问题。实施生态保护和建设项目时不做“一刀切”的行政命令,综合考虑学术咨询机构、专业主管部门、政府三方观点,并在学术咨询中统筹生态学、经济学和社会学的不同意见是生态环境建设从成功走向成功的基石。知识分子要到田野中去、到政府部门去、到民间去了解草地管理存在的问题及其产生根源，进而从解决现实问题的目标而不是从撰写论文的目标出发开展科学研究；政府部门在布设草原管理项目时应聘请专家做客观论证，并根据论证结果决定工程取舍。基于科学化的行政化应是生态建设项目确立与实施的基本模式，而科学化必然由产、学、研结合带动。顾问机制、盲审机制、综合论证及评估机制可能是使生态建设项目走向科学化的重要手段。基层科研工作者（主要指旗县级林草部门的科研工作者）与高层科研工作者（主要指国家著名科研院所和大学的科研工作者）的结合可能会搭建理论与实践密切连接的桥梁。

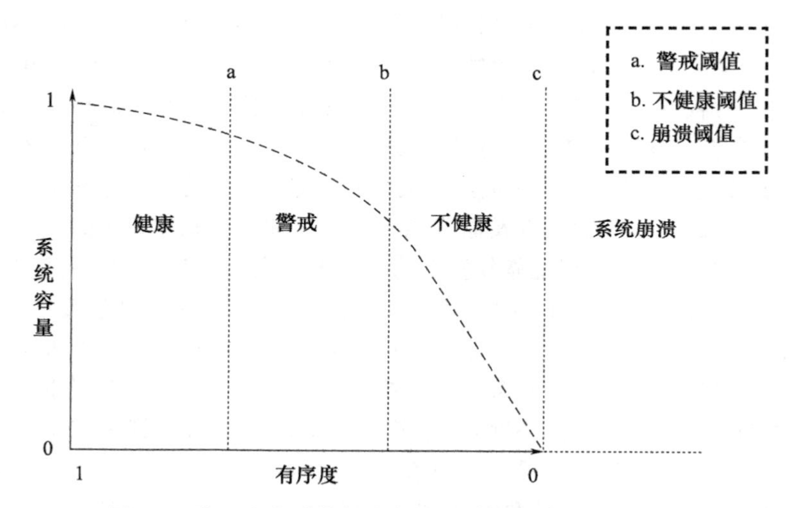

图 8-1　草地生态系统的稳定性不同状态（任继周，2000）

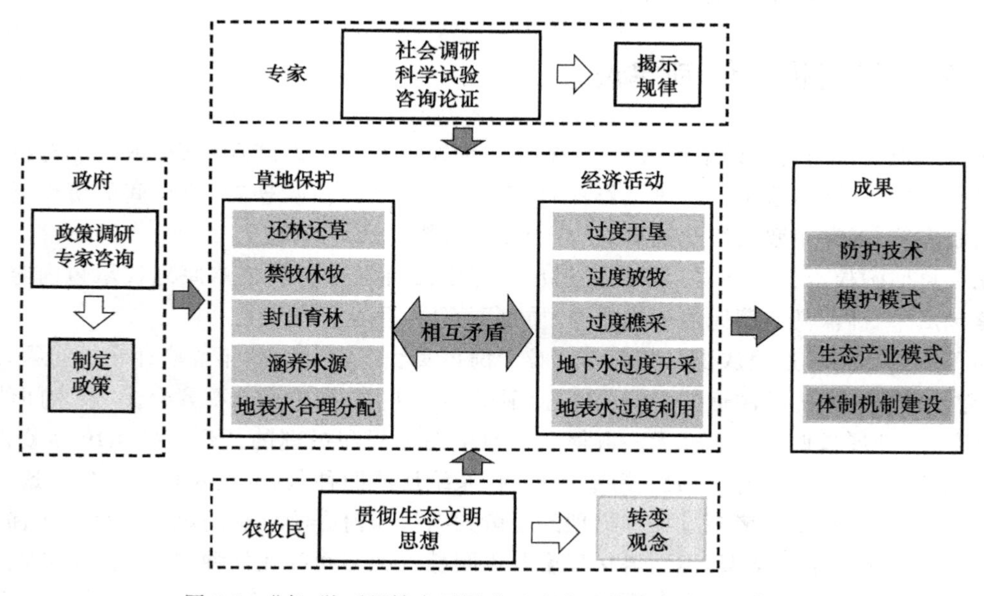

图 8-2　“产、学、研”结合开展草地生态系统建设的思路框架

草地生态环境建设应在生态文明建设总方针指导下，充分体现“绿水青山就是金山银山”、山水林田湖草是生命共同体的理念。生态文明建设强调人与自然和谐相处，不以破坏生态环

境为代价换取短暂的经济发展，强调保护在维持生态系统固有状态中的作用，强调适度利用对维持生态系统原有功能的作用，强调在进行生态修复时应避免引发新的生态环境问题的生态系统和生态环境维护立场。“绿水青山就是金山银山”论断强调自然生态是有价值的，自然资源正在以某种方式产生价值(有的表现直接，有的表现间接，且表现方式多样)，比如，草地生态系统除了具有草地畜牧业功能之外，还具有其他功能诸如固定二氧化碳、保持水土、滞留沙尘、承担(维持)自然界养分循环 等，在草地植被破坏后，重新恢复或采用替代方式实现上述功能要付出经济代价，要“花钱”；另一方面，自然生态系统的功能可以拓展，这种拓展的功能具有创造经济价值的能力，比如，将自然景观开辟为旅游景点，就可通过收取门票获得经济收入。通过合理利用自然资源发展经济并用经济发展成果维护自然，可实现自然资源利用的“增效”及人与自然协调共存的双重目的。“山水林田湖草是生命共同体”强调生态系统不同组分间彼此相依，自然生态系统不同组分间相互影响，人为生态系统与自然生态系统联系紧密，共同支撑着人类的生存和发展。在生态文明建设的方针下，“山水林田湖草是生命共同体”的理念要求：一方面，在利用草地资源时不仅要考虑局部影响，而且要考虑全局影响，另一方面，在制定草原生态修复方案时要统筹考虑，不能顾此失彼(图 8-3)。

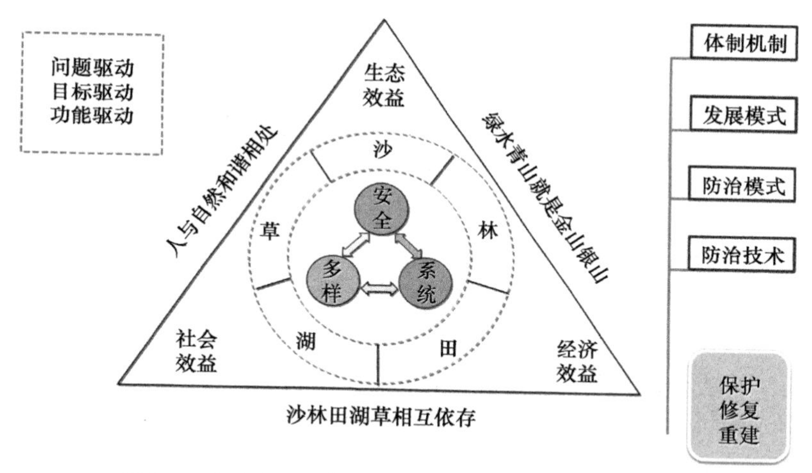

图 8-3　生态文明建设理念下的草地生态系统建设思路

改善监管手段、加强执法力度。在监管队伍小、监测手段落后、基层领导无执法权的情形下，草原执法不可能取得明显效果。因此，建议利用国产高分辨率卫星遥感数据，打造草原大数据平台，探索草原全方位监测的技术和方法，提高重点草原生态功能区的监测精度，实现草原植被盖度和生产力的动态监测，实现对人工草地和非法征占草原的现状监测；在增加大量草地监管人员比较难的情况下尤其建议引入现代化的卫星监测、无人机监测、电子监测等手段，以提高草地监管效率；在草原植被恢复后，不再草原上更多实施造林项目，而是建议将资金用于林草巡察和管护；在林业和草原已完成合并的情形下，建议将草原管护与林业管护进行资源整合，建立统一的林草监管队伍；建议在充分论证的基础上，给予乡镇及村级干部一定程度的执法权限。建议借鉴智慧林业监管模式，在村镇或草原中设立生态管护塔，配备高清摄像头，在林草管护中心大屏幕上进行实时监控，发现放牧、偷牧行为时，及时通知执法人员处置，建议将电子围栏技术在草地监管中推广。

加强生态产业化及产业生态化的建设步伐。生态修复是事关经济发展和社会进步的问题。生态环境问题很多因贫困产生，草地过牧是牧民试图通过大量养畜实现脱贫目标的后果，草地开垦是因为牧民发现种地比养畜有更高的经济效益，草地过牧及草地开垦都是草地退化的直接动因。因此，实施生态修复应充分考虑脱贫问题。生态产业化与产业生态化是兼顾发展与环境保护的发展路径。草地破坏与牧民贫困密切相关。如果广大牧民一直为生计所困，则草地保护就很难收到成效。生态产业化及产业生态化不仅对农牧民脱贫致富颇有助益，也对草原环境保护有重要价值(图 8-4)。但不论是生态产业化还是产业生态化，目前都还处于摸索阶段，成熟的技术和模式都还极为有限。建议花大力气加强生态产业化及产业生态化的路径及技术模式探讨。

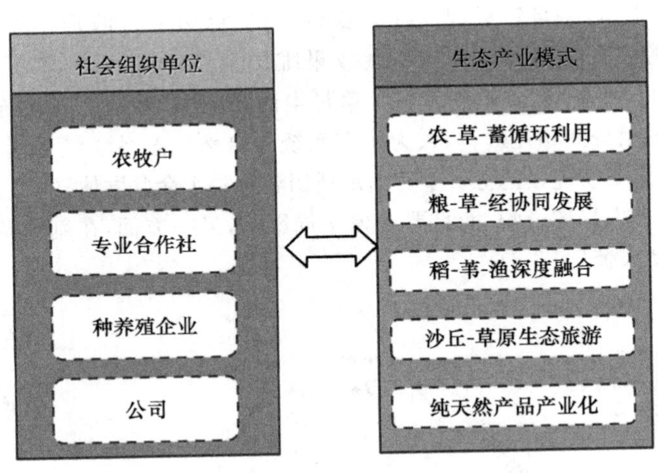

图 8-4　草地生态产业的几种方式

进一步推进划区轮牧、联户承包及合作社经营体制。尽管划区轮牧是既传统又有效的草地经营管理模式，但随着户均草地面积的逐步缩减，草地逐渐碎片化，而随着围栏的建设，这种草原碎片化又被加上了景观标志，相应地，在草地管护意识不很强烈的草原区，划区轮牧就成了“过去式”。然而，不论从草地畜牧业本身的特点来看，还是从时代发展的要求来看，适度规模经营都具有其必然性。规模经营是划区轮牧的基础，是从事现代化产业经营的前提。应通过联户承包或合作社方式实行土地兼并，并在产业链条的维系下，变小规模经营为适度大规模经营。现在联户承包及牧业合作社发展势头并不强劲，国家应采取有力措施予以推波助澜。

加强农牧交错区畜牧业基础设施和饲草料基地建设。退牧还草政策要求由自由放牧转向舍饲圈养，并通过人工种草、棚圈、青储窖、储草棚建设，提高畜牧业水平。但是，不论是在纯牧区还是在农牧交错区，目前的基础设施建设都不能满足现实需求。在农牧交错区，建设草料基地能体现“小绿洲、大生态”，但饲草料基地建设却存在很大的发展空间，值得加强。

8.4　需推广的成功经验模式

推广成功经验对草地资源保护具有非常积极的作用。培训、推介及观摩等是开展推广工作所应采取的主要形式。分地区、分类型，有针对性地总结、提炼各种成功经验利于形成技术模式库。值得进行经验推广的方面包括：(1)草地保护和利用的关键技术和草地退化防治模式；(2)草地畜牧业发展及产业化发展模式；(3)有利于草地建设及保护的体制机制。

草地保护和利用关键技术以及多、快、省技术的研发对提高草地保护和修复效率至关重要，现需研发盐碱化草地顶级植被扩繁技术（图 8-5），沙化草地近自然植被建立利用技术（图 8-6），退化草地人工定向干预恢复技术（图 8-7），以加速三化草地治理；目前亦需依据草地界面理论、草原区的景观、历史和民族特色，提出兼顾资源可持续利用及农牧民脱贫致富的草地利用新范式（图 8-8）。

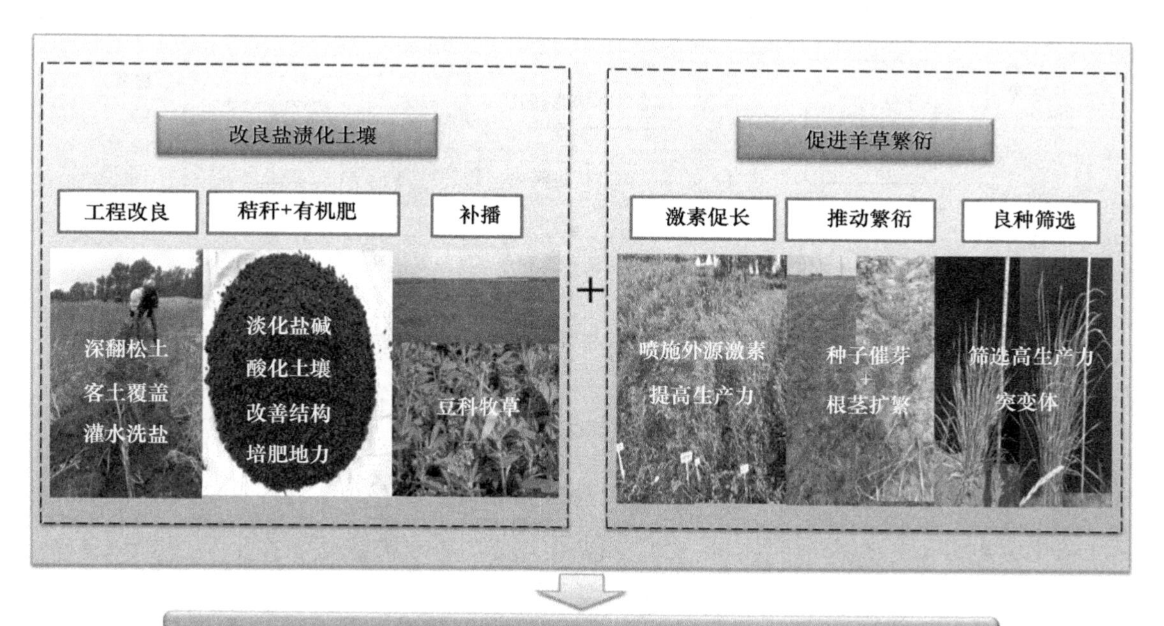

图 8-5　松嫩平原羊草碱化草地改良关键技术

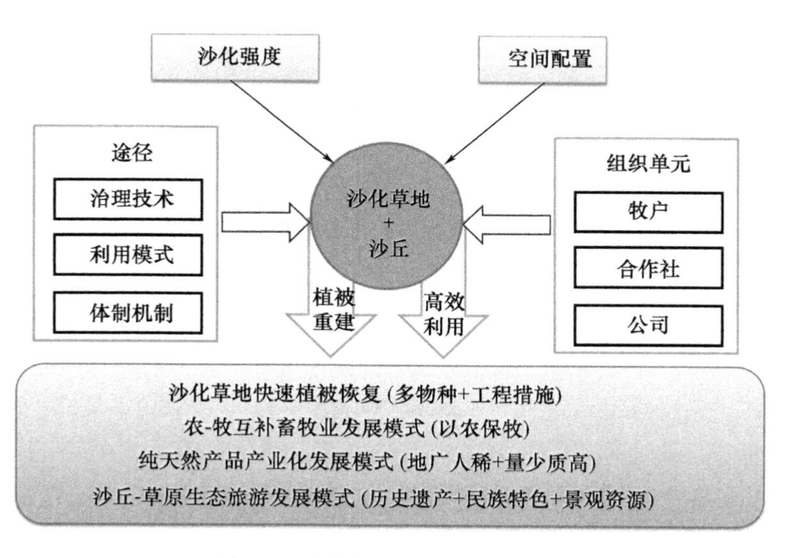

图 8-6　沙化草地治理和利用思路

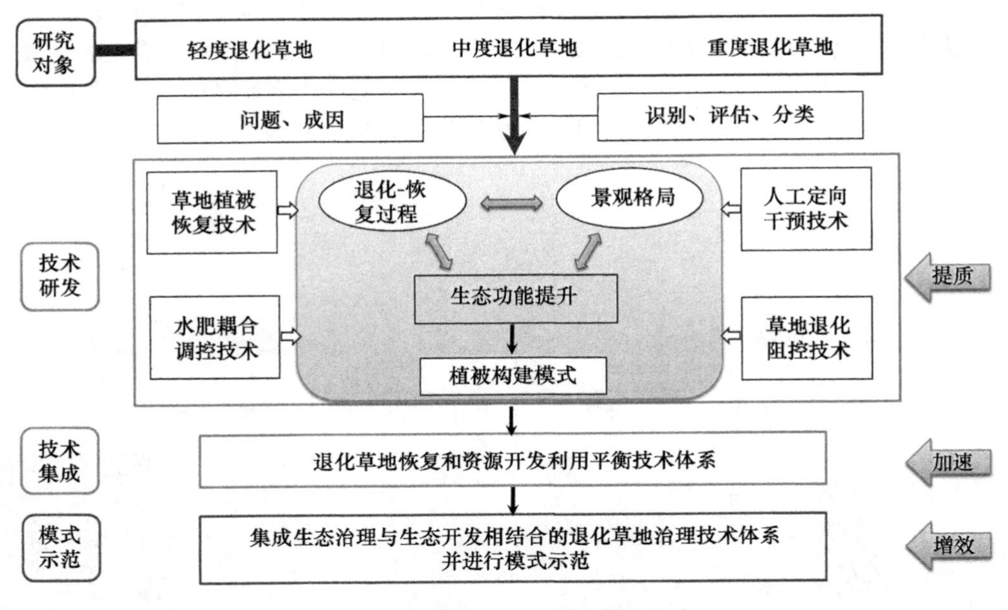

图 8-7　退化草地改良技术研发思路

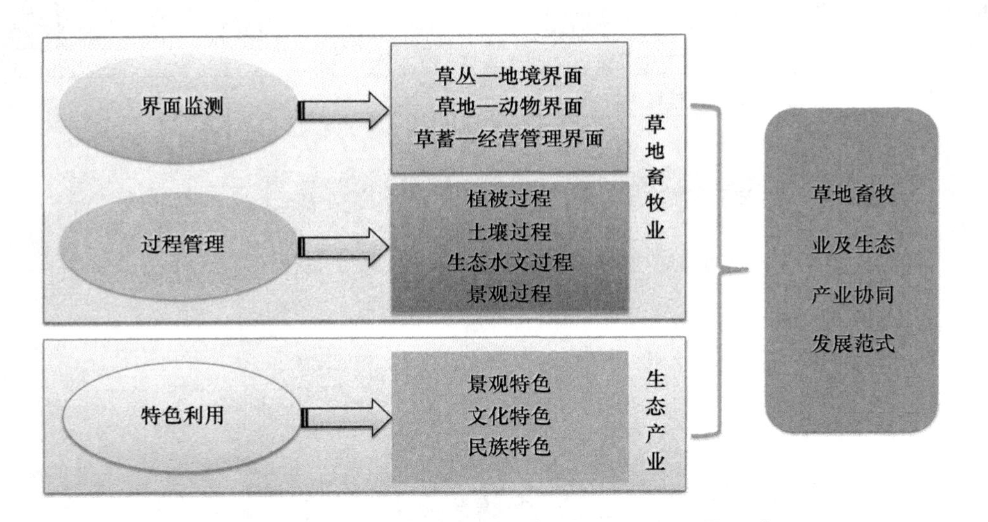

图 8-8　草地畜牧业及生态产业协同发展范式研发思路

参考文献

任继周，南志标，郝敦元，2000. 草业系统中的界面论[J]. 草业学报(1)：1-8.

第 9 章　内蒙古退牧还草工程典型经验案例

内蒙古自治区自 2002 年开始实施退牧还草工程，经过 18 年的不断探索和实践，从最初的草原网围栏建设逐步发展形成了禁休牧制度、草畜平衡制度、草原生态保护奖励补助机制、草原监督管理及执法体制，工程区的草原植被状况明显好转，草原生态环境得到改善，草地畜牧业持续发展。内蒙古从东部半湿润半干旱地区到西部干旱地区，各旗县依据当地草原类型特点、畜牧业发展状况等实施退牧还草工程，形成了一些成熟做法和有益经验。

案例 1　科尔沁左翼后旗——半干旱区农牧交错带沙化草甸草原全年禁牧模式

(1)概况：科尔沁左翼后旗位于内蒙古东部的科尔沁沙地东南缘，年平均气温 5.6 ℃，年平均降水量 460 mm。除其东部系辽河冲积平原外，其余皆是以沙丘和平缓沙地为主要特征的地貌类型。境内坨甸交错，沙丘连绵起伏，洼地纵横分布，地势由西南向东北再向东南逐渐降低。全旗可利用草场面积 70.92 万 hm^2，草地沙化、盐渍化现象突出。

(2)存在问题：草场被大量开垦为农田，土壤风蚀沙化现象突出，草地沙化、退化严重；户均草地面积较小，多为几十亩至百亩，超载严重；禁牧补贴偏低，舍饲养殖的棚圈、饲草料成本高。草原管护员无执法权，制止偷牧行为只能靠劝说和宣传政策，部分牧民不配合，偶有与管护员、执法人员发生冲突并造成人身伤害，行政执法难度很大。偷牧现象十分严重，禁牧政策难以真正落实，部分抵触情绪强烈的牧民与管护员、执法人员发生激烈冲突。

(3)具体措施：2004 年正式实施退牧还草工程，初期以网围栏建设为主，为配合京津风沙源治理项目、双千万亩生态治理工程，重点对流动沙丘、半固定沙丘、重度沙化草场、林地等进行围封保护，中度、轻度沙化草场作为打草场和放牧场。经过两轮退牧还草工程的实施，2015 年完成全旗草地的围封工作。2019 年以前，该旗实行季节性休牧制度，每年 4 月至 7 月中旬为非放牧期，实行全域禁牧政策，倡导和鼓励舍饲养殖；严重沙化地、幼林地等生态脆弱区划为全年禁牧区，实行全年禁牧政策，禁牧补贴 9.6 元/亩。2020 年起，在舍饲圈养全面推行的情况下，实行全域全年全时禁牧，严禁一切放牧行为，建立了旗-乡-村三级联动管护机制，聘用贫困牧户、无草地牧户、无牛羊牧户为护林员、护草员，按照生态公益林管护标准发放管护费，解决低收入农牧民的生活问题，同时，加强对偷牧等违法行为的执法处罚力度。

(4)取得效果：在全面禁牧政策下，科尔沁左翼后旗完成了严重沙化、退化草地的围栏封育，在有条件的地区推广人工改良种草，建立高质量打草场，充分利用农田秸秆生产饲草料，政府大力推行“禁牧不禁养”“舍饲圈养”“小畜换大畜”的养殖方式，全旗 80%左右牧户以养牛为主，成功实现了传统放牧向养殖模式的转变。

案例 2　科尔沁右翼中旗——半干旱区农牧交错带典型草原补奖和信息化监管模式

(1)基本概况：科尔沁右翼中旗位于大兴安岭南麓、科尔沁沙地北端，气候属中温带大陆性气候，年均气温 7.2 ℃，年均降水量 330 mm，年均蒸发量 2046 mm，无霜期平均 120 天左右。是兴安盟最南端的一个旗，也是兴安盟主要的畜牧业旗之一。地形地貌属于山前丘陵洪积台地，北部为浅山丘陵带，占总面积的60%；中部为霍林河沿岸平原区，占总面积的15%；南部为沙丘沼泽地带，占总面积的25%。有草牧场866.67万 hm^2，林地26.37万 hm^2，耕地20万 hm^2。

(2)存在问题：临近科尔沁沙地，草地沙化严重，可种植青储的耕地面积少，超载、偷牧现象普遍；棚圈、青储窖、储草棚等基础设施薄弱，秸秆等农田废弃物等可利用资源较少，舍饲养殖尚未形成规模。

(3)具体措施：在严重沙化草地实行全年禁牧政策，生态保护补奖为每亩9.66元/亩，鼓励农牧民开展人工种草和舍饲养殖，并给予棚圈、青储窖建设的资金补贴，如建设80 m^2 棚圈财政补贴6000元。采取"封顶和兜底"的补奖政策，草场面积大的封顶，多出的草场不进行补贴；草场面积小或无草场的兜底，政府对每户补贴18000元。在生态脆弱区和特色林草资源区建立保护区，利用信息化手段开展草原监管工作。科尔沁国家自然保护区建立了综合信息管理平台，在核心区外围建立了四个草原生态管护站，在核心区建立了毛仁塔拉草原管护中心和野生动物救护中心，每个管护站(中心)均建有高度50 m的瞭望塔，在塔上安装视频监控系统和语音播报系统(音响、喇叭)，监控画面可实时传输至保护区管理局和森林公安信息化中心，同时为草原管护员配备智能导航巡护终端设备(GPS、无人机)，如发现有放牧、偷牧、破坏草地等行为，管理中心通过管护塔音频设备进行通报驱离，并通知管护人员及时前往巡查。

(4)取得效果：采取适宜的补奖政策，提高了补奖的公平性和效率；利用信息化手段开展草原监管，实现了人防+技防相结合的监管。

案例3　科尔沁右翼前旗——半湿润区低山丘陵草原放养结合模式

(1)基本概况：科尔沁右翼前旗位于内蒙古东北部，是一个以农牧业为主体经济的边疆旗。气候属大陆性季风气候，受兴安岭山脉影响，呈现明显的"立体气候"特征，南北温差大，年均气温南部5.8 ℃、北部山区3.0 ℃，年均降雨量420 mm，无霜期南部146天，北部114天。有草牧场93.2万 hm^2。处于森林向草原过渡地带，是典型的低山丘陵草原区，草地类型有山地草甸类、山地草甸草原类、丘陵草甸草原类、平原草甸草原类、低湿地草甸类，其中山地草甸草原类占比重较大。

(2)存在问题：科尔沁右翼前旗退化草地占草原总面积约80%，退化草地主要表现为旱化、沙化和盐碱化；超载放牧现象突出，且存在外地人租用草场放牧现象，对本地草地畜牧业产生挤压，加剧了草地退化。

(3)具体措施：在2005年开始试行草畜平衡制度，以草定蓄，控制草场载畜量；大力开展草原网围栏、棚圈、储草棚建设，给予禁牧补贴和棚圈建设资金，加大青贮玉米等的种植面积，提高青贮饲料产量，推行舍饲圈养，以实现养殖方式的转变；在放牧期严防外地牛、羊等牲畜进入本地区，切实保护本地草地资源。

(4)取得效果：通过网围栏建设，使草地承包到户并完成草原确权；通过建立合理的放休牧制度、开展青贮饲料种植和推行舍饲圈养模式，实现了草畜平衡；通过严格控制外来人口租赁草地，严防外地牛、羊进入本区牧场，使本地草地资源得到了很好保护，在一定程度上降低了草地载畜量。

案例4　陈巴尔虎旗——半干旱区草甸草原与典型草原过渡带禁休牧模式

(1)基本概况：陈巴尔虎旗位于内蒙古自治区呼伦贝尔市西北部，是大兴安岭西部末端向呼伦贝尔高平原过渡地带，东部多为中低山丘陵，西部为高平原，地势呈东北向西南逐步降低。

年均气温零度以下，年均降雨量 300 mm 左右，集中在夏季，冬季降水以雪形式出现；初霜出现在 9 月中旬，无霜期 100～114 天，积雪期长达 210 天。地处呼伦贝尔大草原腹地，拥有草原 152.67 万 hm^2，可利用草原面积占 94.5%。

(2)存在问题：陈巴尔虎旗是呼伦贝尔沙地的主要构成部分，草地“三化”(沙化、盐碱化、退化)问题突出，沙化草地主要分布于海拉尔河流域两岸。草地利用方式多为粗放型的传统放牧。随着草畜双承包制度的落实，牲畜头数快速增加，草场迅速退化。

(3)具体措施：陈巴尔虎旗自 2008 年开始实行禁休牧和草畜平衡制度。对于海拉尔河两岸的中度和重度沙化草地，采取全年禁牧或季节性休牧制度，对沙化草地进行围栏封育，政府出资给牧户建设棚圈、打井，解决禁牧或休牧期间牲畜圈养的困难。草地面积较大的牧户将草牧场划分为放牧场和打草场，部分牧户将放牧场划分为夏冬营盘，实现轮牧、牧刈交替等放牧制度。草地面积大的牧户建立规模化的家庭牧场，草地面积小的牧户根据实际情况，2～3 家合为一体共同进行畜牧业集约化经营。

(4)取得效果：通过实施禁休牧和草畜平衡，沙化草原、温性草原、温性草甸草原、低地草甸草原和山地草甸草原为主的天然草地得到恢复，禁牧、偷牧现象在很大程度上得到遏制。

案例 5　东乌珠穆沁旗——半干旱区温带典型草原草畜平衡模式

(1)基本概况：东乌珠穆沁旗地处内蒙古自治区东北部，大兴安岭西麓，内蒙古高原中部。气候类型属温带半干旱大陆性气候，年均气温 0.8～2.5 ℃，年均降雨量 300 mm 左右，年均蒸发量 3000 mm 以上，湿润度 0.1～0.4。东乌珠穆沁旗有天然草牧场面积 461.13 万 hm^2，占全旗土地总面积的 97.5%，可利用草地面积占天然草场总面积的 95%，草原类型有低山丘陵草甸草原、山地草甸草原、半荒漠草原、河滩地湖盆低地草甸草原等。

(2)存在问题：每户牧民承包有限的草地面积，以增加牲畜头数为主要方式的畜牧业经营方式导致单位草地载畜量过大，草地日益退化。

(3)具体措施：实行草畜平衡制度，全域均划定为草畜平衡区，并在春季 4 月 15 日至 5 月 15 日实行休牧。生态保护奖补标准为草畜平衡补贴 3.7 元/亩，休牧 1 个月补贴 0.75 元/亩。在休牧期，旗草原执法队、草原管护站、乡镇干部、村干部等人员均下乡督查偷牧行为。

(4)取得效果：北部纯牧区的牧户草地面积普遍较大，户均几千亩至上万亩，在生态保护奖补的激励下，牧民基本能落实草畜平衡制度。现在草地超载不严重，超载率在 10%左右。

案例 6　西乌珠穆沁旗——半干旱区温带典型草原家庭联合牧场经营模式

(1)基本概况：西乌珠穆沁旗位于锡林郭勒盟东北部，地处大兴安岭西麓，内蒙古高原中部，半干旱大陆性气候，年均气温 1 ℃，年均降雨量 350 mm 左右，有可利用天然草场面积 202.9 万 hm^2，占国土总面积的 90%，其中 80%以上天然草场为良质中产型，是典型的温带草原。由东向西依次为草甸草原、典型草原和部分疏林沙地。

(2)存在问题：由于不合理的放牧方式，导致区域性或季节性超载，草原生产力下降，草原退化。

(3)具体措施：在政府政策引导下，牧民自愿进行家庭联合，开展集约化经营，采取划区分片轮刈和间刈两种方式，第一种划区分片轮刈即是草场进行四区四年或五区五年轮刈制，每年至少有一区休闲，使打草场得到休养生息，第二种是暂时做不到划区轮刈的，采取每打草 300 m 宽，保留 20 m 草场不刈割作为草籽带。

(4)取得效果:巴拉嘎尔高勒镇萨如拉嘎查3户牧民率先开展划区轮牧试点,为推行科学、简便易行的划区轮牧草地经营方式积累了经验;巴拉嘎尔高勒镇伊利特嘎查8户牧民以生产资料、牲畜、劳动力、草场整合的形式成立了合作社,对整合的1万亩草场进行划区轮牧,并开发了100亩高产饲料基地,解决了因草场小无法增加养畜头数的问题,使退化草场植被得以休养生息,用高产饲料基地解决了冬储饲草不足的问题,也节省了劳动力,实现了提高草地载畜量和增加牧民收入的目标。

案例7 苏尼特右旗——干旱区半荒漠草原区草畜平衡模式

(1)基本概况:苏尼特右旗位于内蒙古中部,锡林郭勒盟西部,属温带大陆性气候,年平均气温4.3 ℃,无霜期130天,年均降水量180 mm,年均蒸发量2384 mm,盛行西北风,平均风速5.5 m/s,是温性典型草原向荒漠草原过渡带,全旗有可利用草原190万 hm^2,占土地总面积的85%。草地类型有低山丘陵干草原、高平原干草原、丘陵地荒漠化草原、高平原荒漠草原、残丘坡地草原化荒漠、高平原草原化荒漠、河滩地与湖盆低地盐生草甸和沙丘植被。

(2)存在问题:牧民长期受传统放牧思想影响,单纯追求牲畜头数,采取单一的粗放型放养方式,草地掠夺式利用造成严重超载过牧,草地退化、沙化突出,生态环境不断恶化。

(3)具体措施:从牲畜核算入手,旗畜牧局、草原站从每年6月30日开始开展为期50天的牲畜数量统计工作,1月份下羔6月份出栏的冬羔不计入草畜平衡清点范围,通过核算确定是否满足牲畜放牧期不超载,由于部分牧户在冬季或春季出售牛、羊,降低了牲畜数量,所以是可信的草畜平衡核算方法,满足草畜平衡的牧户给予3元/亩的补助资金。

(4)取得效果:草地生态环境恶化趋势得到很大程度遏制,畜牧业生产方式正朝放牧+圈养相结合的模式转化,牧民收入和生活水平得到了提高。

案例8 四子王旗——干旱区农牧交错带荒漠草原生态保护模式

(1)基本概况:四子王旗位于内蒙古自治区乌兰察布市境内,国土总面积24036.13 km^2,地处内蒙古农牧交错带,是温带草原向干旱荒漠过渡的典型荒漠草原区,中温带大陆性季风气候,年平均降水量368.8 mm,有天然草地231.89万 hm^2,其中可利用草地面积219.75万 hm^2,占土地总面积的90%以上。温性草原占13.59%,植被主要由灌木、小灌木组成;温性荒漠化草原占58.23%,植物以多年生旱生小草为主,并有一定数量的旱生、强旱生的小半灌木与灌木;温性草原化荒漠占14.45%,植被以灌木和半灌木为主。人工草地主要分布在农区,以种植谷草、莜麦草等牧草为主。

(2)存在问题:人口基数大,人均耕地和草原面积较小,开垦及掠夺式利用造成草原严重退化,植物多样性锐减。

(3)具体措施:将退牧还草工程项目区全部划定为全年禁牧区和草畜平衡区,采取"围栏封育、退牧禁牧、舍饲圈养、承包到户"等措施,与牧户签订禁牧、草畜平衡责任书,明确禁牧年限、时间、范围和面积,旗政府依据退牧还草合同和退牧还草证发放饲料粮、围栏补助、生态保护奖补等项资金;采取生态移民措施,将北部边疆荒漠草原区的部分牧户搬离草地,使其进城安居或在农区安家,保留其草地承包权,按标准发放生态奖补资金,同时将草地流转给留守牧户经营,以降低草地载畜量和放牧压力。

(4)取得效果:实施禁牧、草畜平衡和生态移民措施后,畜牧业生产方式由自由放牧逐渐向小规模定居圈养转变,天然草地得以休养生息。但目前存在部分移民不适应农区生产方式或未能就业、向草原回流的现象,在一定程度上影响了草地保护和生态建设的成效。

案例 9　乌拉特后旗——干旱高寒区荒漠草原电子围栏封育模式

(1)基本概况：乌拉特后旗位于内蒙古中西部，巴彦淖尔市北部，总土地面积 2.5 万 km^2，阴山山脉横贯全旗中南部，形成了南农中山北牧的自然格局，气候类型属中温带高原大陆性气候，年平均降雨量 100 mm 左右，有天然草场 243.33 万 hm^2，其中可利用草场面积 209.87 万 hm^2，草地类型多样，群落结构单一，灌丛化草场占 90%以上，草地生产力偏低，平均干草产量 18.5 kg/亩。

(2)存在问题：严重沙化和退化草场面积达 75.8 万 hm^2，缺水草场达 58.67 万 hm^2。

(3)具体措施：旗林业和草原局与企业合作在边远牧场、重点围封地开展草原电子围栏建设试点，放牧场中的牛、羊等牲畜碰到围栏，被有限的电流击中而远离围栏，可有效保护围封区的草地、林地，实现无人值守放牧，降低草原管护成本。同时在探索在牛、羊身上安装 GPS 或北斗定位系统和智能电击设备，GPS 或北斗定位系统能实时感知牛、羊位置，牲畜离开围栏进入林地、农田或封育草地则启动电击装置，通过对牲畜进行定向微弱电击使其返回牧场，或通过监控系统告知管护人员及时前往处置。

(4)取得效果：电子围栏和智能设备的应用，能大大缓解护林护草员的压力，降低牧民的放牧和草场管护成本，提高草原生态保护监管的效率。

案例 10　鄂托克旗——干旱、半干旱区荒漠草原划区轮牧模式

(1)基本概况：鄂托克旗位于内蒙古鄂尔多斯高原西部，北部大部分区域为波状或平缓高原，东南部为毛乌素沙地。温带干旱、半干旱大陆性气候，年均降水量 222 mm 左右，年均蒸发量 2359 mm。地处典型草原向荒漠化草原过渡带，有天然草地面积 198.2 万 hm^2，约占土地总面积的 92%，其中可利用草地面积 174.6 万 hm^2，占草地总面积的 88%，是一个典型的草原畜牧业为主的旗。天然草原以温性荒漠草原为主，面积 78.67 万 hm^2，占草原总面积的 78.8%，包括平原丘陵荒漠化草原、沙地荒漠化草原和山地荒漠化草原三种类型；温性草原化荒漠主要分布在西北部高原，面积 25.93 万 hm^2，占草原总面积的 13.13%；低山草甸草原分布在低洼地，面积 9.13 万 hm^2，占草原总面积的 4.63%；此外，还分布有少量的温性典型草原、沼泽草地。

(2)存在问题：单位面积产草量较低，大部分地区不到 26.7 kg/亩。

(3)具体措施：鄂托克旗牧民采取划区轮牧、建立灌木饲料地的方式提高了草原化荒漠区的载畜量。划区轮牧典型做法是：牧民将自己放牧场划分为 5 个、7 个或 11 个不等的放牧小区，第一年在 1 个或几个小区放牧，第二年转移至另一个或几个小区放牧，依次轮流放牧，5 年为一个轮放周期，这样使得每个放牧小区的草地都有休养生息的时间，草地面积大的牧户甚至能实现分畜种分区轮牧。草地面积小的牧户也开展划区轮牧。

(4)取得效果：灌木饲料地的建立在很大程度上提高了草原化荒漠及荒漠的载畜量。鄂尔多斯市的划区轮牧经验也非常值得推介。某牧户有 400 hm^2 草场，被划成 15 个小区，四个季节划区轮牧，冬季采食油蒿，夏季采食针茅、冷蒿，不同牲畜采食不同小区，2 个羊倌管护(每年雇用费 9 万～10 万元)，饲草料自己解决，一年四季补饲，两年三茬羔，每年卖羊羔收入即为纯收入，收入可观。牧民根据自家草地面积、草地类型、牧草产量、牲畜种类、牲畜头数、人口数量、舍饲圈养条件等因素合理调整牲畜养殖数量，形成了当地草地畜牧业健康发展的特色模式，实现了草地资源的可持续利用。

案例 11　翁牛特旗——半干旱区沙丘-草原生态旅游模式

(1)基本概况:翁牛特旗位于西辽河上游,位于全国四大沙地之一的科尔沁沙地西缘,全旗 118.8 万 hm^2 总土地面积中,沙化土地面积 48.49 万 hm^2,占总土地面积的 40.8 %,其中,流动沙地 10.17 万 hm^2,半固定沙地 8.37 万 hm^2,固定沙地 29.49 万 hm^2,沙化耕地 0.47 万 hm^2。10 个苏木乡镇、5 个国有农牧场地处风沙区内,沙区人口约 14 万人。

(2)存在问题:目前沙区经济方式基本以农牧业等基础产业为主,经济产值较低,沙区人民很难脱贫致富。过度依赖基础产业导致沙区环境更为恶劣。

(3)具体措施:翁牛特旗阿什罕苏木乌兰敖都嘎查利用宝门村周边的荒沙景观,采用牧户-合作社-公司的经营模式,联合周边 5 个牧户,整合土地资源,建立以沙丘-山体-沙湖景观为主体、蒙古族文化为基础的沙地旅游景区。景区整体面积约 373.33 hm^2,景区包含了连片的高大沙丘、独立山体、水体。景区距离主要交通道路 6.5 km,交通方便,道路两侧建有风沙防护体系。进入景区道路为沙石路面,路两旁流动沙丘区域均建有人工固沙植被,主要采用草方格生物固沙模式,栽植有柠条锦鸡儿、小叶锦鸡儿、山竹子、小黄柳等沙生植物,道路两侧建有行道树,主要以樟子松、垂柳、金叶榆等为主。根据区域特点,设置景区主要景点及主题,主要包括沙山、沙湖、山体、越野车、骆驼、骑马、沙地摩托等;餐饮主要体现蒙古族饮食特征,有手把肉、奶制品等;文化方面主要体现蒙古族的歌舞特征。采用牧民合作社经营模式,包括 5 个村民家庭,其中贫困户 1 户,人口 17 人,根据实际情况分别投入土地、资金、人工等基本资源;同时,雇佣当地牧民 12～18 人,从事餐饮、民族歌舞表演、骆驼、马的经营管理等工作。

(4)取得效果:沙丘特色旅游在一定程度上缓解了当地的贫困问题。

案例 12　翁牛特旗——半干旱沙区纯天然产品产业化发展模式

(1)背景:目前沙区土地经营方式以传统农牧业为主,利用沙区土地面积大、人类活动相对稀少的特点进行纯天然产品开发是体现区域特色、提高经济收入的一种方式。

(2)具体措施:翁牛特旗沙区水田开发近些年来成为当地农业发展的重要领域,有效提高了经济收益,但与传统水稻种植区相比,并无明显优势存在。利用沙区有利的环境条件,开发无公害绿色水稻产品是一种更加有效的途径。当地居民利用合作社方式集中了优良土地约 5.33 hm^2,主要开展沙地绿色无公害水稻生产经营。水稻种植区位于孤立的沙丘区内部远离常规农业生产区,从空间上隔离污染;根据沙区自然环境特征,选用了适合沙区栽培的优质抗逆水稻品种丰优 516、丰优 307 进行生产栽培;采用绿色食品生产技术,实施绿色产品生产方式,所有水稻生产不使用化肥、农药,全部使用农家肥,田间除草采用人工方法。

(3)取得效果:进行绿色水稻生产,产量 170～200 kg/亩,经济效益 3500～4000 元/亩。

案例 13　“翁牛特治沙模式”——半干旱沙区穿沙公路综合治沙模式

(1)背景:目前,我国北方沙区的多种沙地治理及利用模式(如绿洲防沙治沙模式、前挡后拉模式、锁边林带治沙模式等)均存在尺度较小的问题,大多局限于条件较好的绿洲或沙丘体,未充分考虑不同景观类型与区域治理和发展的关系。另一方面,盲目追求覆盖率的造林方式客观上造成了控制风沙危害与维持自然景观原始性之间的矛盾、建设人工植被与维持水分平衡关系之间的矛盾、生态工程建设与保护植物多样性之间的矛盾。

(2)具体措施:“翁牛特治沙模式”是依托穿沙公路进行治沙的模式,即先修穿沙公路,随后配置治沙体系,利用穿沙公路网控制区域风沙危害。穿沙公路是用于治沙工程施工、穿行在沙区的简易道路,最初多为沙石路面;穿沙公路由国道、省道、县道及乡村公路向沙地深处延伸,形成穿沙公路网。治沙体系配置在穿沙公路外围，形成由穿沙公路每侧向外扩延 1 km 的固沙区，由近公路的固沙造林带、邻接的封沙育草带、外围的飞播治沙带三条带构成；树种选择以固沙为主、绿化美化为辅，形成乡土树种与引进树种搭配、固沙作用强的植物与饲用价值高的植物搭配、前期生长植物与后期生长植物搭配的植物配置模式。穿沙公路及其固沙体系形成单条控制线、多条控制面，对所穿行的沙区先切割、后蚕食。“翁牛特治沙模式”是区域尺度的治沙模式，主要优势如下：① 借助穿沙公路固沙体系形成的网格，把风沙活动控制在有限范围，有效抑制风沙肆虐；② 固沙造林带人为改造较大，但封沙育草带和飞播治沙带人为改造较小，很大程度上维护了自然景观的原始性，延续了山水林田湖草生命共同体的固有相依关系；③ 不完全消灭流沙，维持了流动沙丘水分调节、供养沙生植物生长及文化旅游功能；④ 将部分流沙弃置不治，固沙造林带、封沙育草带和飞播治沙带的人工植被建设强度强弱搭配，有利于维护区域尺度水分平衡；⑤ 为治沙施工而建的穿沙公路为生活在人烟稀少沙区的群众生产和生活提供了很大便利，促进了沙区的经济发展和社会进步。此外，“翁牛特治沙模式”在布局上，打破了乡、村、组界限，实行统一规划、规模治理；在实施上，依托国家重点生态工程，可以整合林业、畜牧、交通、水利等项目资金，国家、集体、公司、个人共同参与，实现多元投入。

(3)取得效果：生态效益方面，治理沙化土地面积 11.99 万 hm^2，植被覆盖度由治理前的 5%～15%增加到现在的 30%～70%，土壤风蚀总量减少，风沙危害明显减轻，生物多样性大大提高。经济效益方面，修建穿沙公路带动了沿线农牧民生产、生活发展，年人均收入增加 1000～2000 元，大幅度提高了沙地深处居民的生活质量。公路两旁的固沙林(沙棘和柠条)3 年成林以后经济价值突出，沙棘果每年至少收入 57.2 万元；柠条饲料每亩可产 1000～1500 kg，可解决 50%的牧草饲喂量，大大缓解了牧饲压力。社会效益方面，通过切割划片治理，既便于管理交流，又便于运输交通，穿沙路由国道辐射，贯穿乡村、嘎查，便利了当地农牧民的出行。例如，那什罕苏木修建 90 km 穿沙路后，为 2700 户牧民解决了偏远沙区行路难的问题；另一方面，穿沙公路便于施工，降低治沙成本，目前，总长 220 km 的公路，每年节约治沙费 154 万元。沿路沙丘留存部分用于发展沙区特色旅游，吸引外来游客体验和观摩，并科普沙丘生态系统蓄水防护知识，既保证了资源承载力，又符合当地“全域旅游”政策。目前沙丘小型旅游项目年接待游客 600 余人次，而大型旅游景区每年接待 40 万人次，年人均收入增加 6000 元左右。

案例 14　奈曼旗“托管式养殖”和“订单式种植”深度耦合的生态-经济协调发展模式

(1)基本概况：奈曼旗位于内蒙古自治区通辽市西南部，科尔沁沙地南缘 ，是中国北方典型的农牧交错地带，共有沙地 58867.8 hm^2，占总土地面积 7.23%；荒地 222085.47 hm^2，占总土地面积 27.29%。

(2)问题：如何将生态环境改善与农牧业经营体制和模式结合起来、与农牧民脱贫致富结合起来，一直是困扰沙区生态环境建设及社会、经济发展的问题。

(3)具体措施：采用“订单式种植”和“托管式养殖”相结合的方式将农牧户与企业、生产单元与市场销售紧密联结起来。依托示范区重点养殖企业-养殖小区，引导贫困农牧户与企业签订“托管式养殖”和“订单式种植”双向合作协议，将农牧户与企业紧密联结起来，提高种养效率、增加农牧民收入。

(4)取得效果：草地盖度较散养放牧增加 40%，地上生物量增加 30%，相关农牧户收入增加 5%。

退牧还草工程对草原植物多样性和牧草品质的影响

气象出版社

关注官方微信

ISBN 978-7-5029-7867-9

定价：56.00元